系统集成项目管理工程师
案例分析一本通
（第二版）

王树文　编著

中国水利水电出版社
www.waterpub.com.cn
·北京·

内 容 提 要

本书主要讲述如何顺利通过系统集成项目管理工程师的案例分析科目（下午卷）的考试。

本书主要有五大特点：一是对历年真题进行了归类整理以及考情分析；二是详细阐述了计算类型的案例分析题和文字类型的案例分析题的答题技巧；三是详解了计算类型的案例分析题常考的三大技术，即三点估算法、关键路径法和挣值技术；四是在历年考试真题的基础上整理出了文字类型案例分析题的"百问百答"；五是对每一个案例分析真题给出答题思路总解析，针对每一个具体问题给出了相应的思路解析（计算题给出了详细的分析和计算过程；文字题给出了详细的分析和文字组织过程）和参考答案。

本书主要调整的内容有：根据新考纲对第 1 章的相关内容进行了对应修改；增加了2022 年和 2023 年的考试真题；对 2018 年上半年到 2023 年下半年的所有真题，都根据新教程理论体系对部分题干和部分问题进行了修改，确保完全满足新教程和新考纲之下复习应考的要求；第 4 章文字类型的案例分析题"百问百答"修改并新增至 160 项；附录 1 和附录 2 按新教程进行了梳理和修改。

本书可供参加系统集成项目管理工程师考试的考生备考专项突破时使用，也可作为软考培训师和从事 IT 项目管理及相关工作人员的参考用书。

图书在版编目（CIP）数据

系统集成项目管理工程师案例分析一本通 / 王树文编著. -- 2 版. -- 北京 : 中国水利水电出版社，2024.7. -- ISBN 978-7-5226-2535-5

Ⅰ. TP311.5

中国国家版本馆 CIP 数据核字第 2024RV2859 号

策划编辑：周春元　　　责任编辑：王开云　　　封面设计：李　佳

书　　名	系统集成项目管理工程师案例分析一本通（第二版） XITONG JICHENG XIANGMU GUANLI GONGCHENGSHI ANLI FENXI YIBENTONG
作　　者	王树文　编著
出版发行	中国水利水电出版社 （北京市海淀区玉渊潭南路 1 号 D 座　100038） 网址：www.waterpub.com.cn E-mail：mchannel@263.net（答疑） 　　　　sales@mwr.gov.cn 电话：（010）68545888（营销中心）、82562819（组稿）
经　　售	北京科水图书销售有限公司 电话：（010）68545874、63202643 全国各地新华书店和相关出版物销售网点
排　　版	北京万水电子信息有限公司
印　　刷	三河市鑫金马印装有限公司
规　　格	184mm×240mm　16 开本　15.25 印张　369 千字
版　　次	2022 年 6 月第 1 版　2022 年 6 月第 1 次印刷 2024 年 7 月第 2 版　2024 年 7 月第 1 次印刷
印　　数	0001—3000 册
定　　价	68.00 元

前　　言

　　全国计算机技术与软件专业技术资格（水平）考试（简称"软考"）是由工业和信息化部以及人力资源和社会保障部共同举办的一个面向 IT 行业从业人员的认证考试。"软考"分为三个等级：初级、中级和高级，其中系统集成项目管理工程师（简称"中项"）考试属于中级资格考试。

　　"软考"既是评价 IT 行业从业人员能力和水平的考试，也是职称的考试（现在 IT 行业从业人员的职称已改为"以考代评"）；在今天"无处不项目"的时代，行业对系统集成项目管理工程师和信息系统项目管理师（简称"高项"）的需求量与日俱增；加之现在有些城市将"软考"证书作为积分落户或工作居住证的影响因素之一，更是拉升了"中项"和"高项"考试的热度。

　　系统集成项目管理工程师国家认证考试有两个科目：基础知识和应用技术（俗称"案例分析"）。考试难度大、覆盖面广、证书含金量高，全国通过率在 10%～15% 左右，且两个科目必须在同一期考试中通过（每个科目满分 75 分，45 分为通过）才能拿到系统集成项目管理工程师的认证证书。不少考生认为，"中项"考试中的案例分析部分非常难。

　　笔者留意到，市面上有关"中项"考试案例分析方面的参考书虽然不少，但这些书的风格基本类似，概括起来有两个特点：一是把案例分析与基础知识合在一起写，没有集中针对案例分析进行全面透彻的讲解；二是针对历年的考试真题，几乎都只是给出了"参考答案"，但为什么会有这样的"参考答案"，并没有抽丝剥茧般地去阐释出它们的来由。因此，拿到这些参考书的考生，一看参考答案，感觉题目好像很容易，但合起书来亲自做题，就无从下手。究其原因，就在于这些参考书没有教会考生究竟应该如何解题，因此不容易达到真正辅导并使考生顺利通关的目的。为了完美解决同类书的上述弊端，2022 年 6 月我们出版了该书第 1版并获得了读者的高度赞誉。

　　第 1 版包括五章和两个附录。其中第 1 章详细讲解了案例分析考试科目的出题范围、历年案例分析考题情况和如何做好案例分析科目的应考准备；第 2 章阐述了计算类型的案例分析题的解题技巧，详解了计算类型的案例分析题常考的三大技术：三点估算法、关键路径法和挣值技术；第 3 章分别从案例描述及问题、答题思路总解析、各问题答题思路解析及参考答案三方面，详细解析了 2018—2023 年计算类型的案例分析的全部真题；第 4 章阐述了文字类型的案例分析题的解题技巧，在历年考试真题的基础上整理出了文字类型的案例分析题"百问百答"；第 5 章分别从案例描述及问题、答题思路总解析、各问题答题思路解析及参考答案三方面详细解析了 2018 年至 2023 年文字类型的案例分析全部真题。附录 1 和附录 2 与《项目管理知识体系指南（PMBOK®指南）第 6 版》的标准保持一致，附录 1 按五大过程组和十大知识领域分类整理了 49 个项目管理过程；附录 2 按十大知识领域分别整理了 49 个项目管理过程的输入、输出、工具与技术。

2024 年 1 月，中项教程和考试大纲都进行了改版，为了适应新教程❶和新考纲❷之下中项考生复习应考的需要，本书主要调整的内容有：

（1）根据新考纲对第 1 章的相关内容进行了对应修改。

（2）删除了 2013 年和 2017 年的考试真题，增加了 2022 年和 2023 年的考试真题。

（3）考虑到新教程和新考纲下真题非常有限，对 2018 年到 2023 年的所有真题（除 3 道未知的题外），都根据新教程理论体系对部分题干和部分问题进行了修改，确保完全满足新教程和新考纲之下复习应考的要求。

（4）第 4 章文字类型的案例分析题"百问百答"由原来的 100 项修改并新增到 160 项。

（5）附录 1 和附录 2 按新教程进行了梳理和修改（由原来的 47 个过程更新为 49 个过程）。

（6）修订了第 1 版中的个别内容。

笔者深信，本书一定能满足参加"中项"考试的读者朋友的需求。

借此机会，真心感谢为本书倾注了心血的家人、老师、编辑和各位朋友；当然，更要感谢阅读本书的每一位读者。由于笔者水平有限，书中难免存在疏漏之处，恳请广大读者批评指正。

王树文

2024 年 4 月于广州

---

❶ 指《系统集成项目管理工程师教程（第 3 版）》，该书由清华大学出版社 2024 年 1 月出版。

❷ 指《系统集成项目管理工程师考试大纲（2023 年审定通过）》，该书由清华大学出版社 2024 年 1 月出版。

目　　录

第1章
案例分析考试科目的考试概况

1.1 案例分析考试科目的考试范围

根据《系统集成项目管理工程师考试大纲（2023 年审定通过）》（简称《考试大纲》）中的说明，案例分析科目的考试范围见表 1-1。

表 1-1 案例分析科目的考试范围

考查的范围	考查的子范围
1. 信息技术服务	1.1 内涵与外延 1.2 原理与组成 1.3 服务生命周期 1.4 服务标准化 1.5 服务质量评价 1.6 服务发展 1.7 服务集成与实践
2. 信息系统架构	2.1 架构基础 2.2 系统架构 2.3 应用架构 2.4 数据架构 2.5 技术架构 2.6 网络架构 2.7 安全架构 2.8 云原生架构

考查的范围	考查的子范围
3. 软件工程	3.1 软件工程定义 3.2 软件需求 3.3 软件设计 3.4 软件实现 3.5 部署交付 3.6 软件质量管理 3.7 软件过程能力成熟度
4. 数据工程	4.1 数据采集和预处理 4.2 数据存储及管理 4.3 数据治理和建模 4.4 数据仓库和数据资产 4.5 数据分析及应用 4.6 数据脱敏和分类分级
5. 软硬件系统集成	5.1 系统集成基础 5.2 基础设施集成 5.3 软件集成 5.4 业务应用集成
6. 信息安全工程	6.1 信息安全管理 6.2 信息安全系统 6.3 工程体系架构
7. 项目管理概论	7.1 PMBOK 的发展 7.2 项目基本要素 7.3 项目经理的角色 7.4 项目生命周期和项目阶段 7.5 项目立项管理 7.6 项目管理过程组 7.7 项目管理原理 7.8 项目管理知识领域 7.9 价值交付系统
8. 启动过程组	8.1 制订项目章程 8.2 识别干系人 8.3 启动过程组的重点工作

考查的范围	考查的子范围
9. 规划过程组	9.1 制订项目管理计划
	9.2 规划范围管理
	9.3 收集需求
	9.4 定义范围
	9.5 创建 WBS
	9.6 规划进度管理
	9.7 定义活动
	9.8 排列活动顺序
	9.9 估算活动持续时间
	9.10 制订进度计划
	9.11 规划成本管理
	9.12 估算成本
	9.13 制订预算
	9.14 规划质量管理
	9.15 规划资源管理
	9.16 估算活动资源
	9.17 规划沟通管理
	9.18 规划风险管理
	9.19 识别风险
	9.20 实施定性风险分析
	9.21 实施定量风险分析
	9.22 规划风险应对
	9.23 规划采购管理
	9.24 规划干系人参与
10. 执行过程组	10.1 指导与管理项目工作
	10.2 管理项目知识
	10.3 管理质量
	10.4 获取资源
	10.5 建设团队
	10.6 管理团队
	10.7 管理沟通
	10.8 实施风险应对
	10.9 实施采购
	10.10 管理干系人参与

第1章

考查的范围	考查的子范围
11. 监控过程组	11.1 控制质量 11.2 确认范围 11.3 控制范围 11.4 控制进度 11.5 控制成本 11.6 控制资源 11.7 监督沟通 11.8 监督风险 11.9 控制采购 11.10 监督干系人参与 11.11 监控项目工作 11.12 实施整体变更控制
12. 收尾过程组	12.1 结束项目或阶段 12.2 收尾过程组的重点工作
13. 组织保障	13.1 信息和文档管理 13.2 配置管理 13.3 变更管理
14. 法律法规和标准规范	14.1 法律法规 14.2 标准规范
15. 职业道德规范	15.1 基本概念 15.2 项目管理工程师职业道德规范 15.3 项目管理工程师岗位职责 15.4 项目管理工程师对项目团队的责任 15.5 提升个人道德修养水平

1.2 历年案例分析科目的出题范围

1.2.1 2009—2023 年案例分析考查重点及考查内容

系统集成项目管理工程师自 2009 年第一次开考至今（2023 年下半年）已历时 15 个年头。2009 年上半年至 2012 年上半年，案例分析的考题量都是 5 道题；2012 年下半年至 2023 年下半年，案例分析的考题量都是 4 道题。以下是 2009 年上半年第一次开考至 2023 年下半年案例分析题的基本情况汇总（其中 2023 年下半年第一批次试题四、第六批次试题三和试题四未知），见表 1-2。

表 1-2　案例分析题的基本情况汇总

考期	题号	考查的知识领域	考查的主要知识点
2009.05	第一题	项目进度管理	项目进度拖延的原因，进度计划的种类和用途，滚动波浪式计划
	第二题	项目进度管理	关键路径法，关键路径，自由时差和总时差，缩短工期的方法
	第三题	项目质量管理	造成售后出现问题的原因，质量控制方法
	第四题	项目整合管理、项目质量管理、项目采购管理和合同管理	项目变更控制，项目合同管理，项目不能收尾的原因，促进验收的措施
	第五题	项目整合管理	整合管理方面的问题，瀑布模型的优缺点
2009.11	第一题	项目采购管理和合同管理	合同管理过程中存在的问题及解决办法，合同索赔
	第二题	项目范围管理	项目范围说明书应该包括的内容，范围变更
	第三题	项目进度管理	项目拖延的原因，控制进度的工具和技术
	第四题	项目成本管理	挣值技术，成本控制的内容
	第五题	项目质量管理	质量控制的步骤，制订质量管理计划
2010.05	第一题	项目采购管理和合同管理	项目验收中遇到的问题，合同变更
	第二题	项目成本管理	挣值技术，成本控制的方法
	第三题	项目质量管理	质量控制的工具和方法，实施质量保证
	第四题	项目整合管理	项目整合管理计划的内容，项目执行与改进
	第五题	项目配置管理	配置管理基本概念，配置管理工作包括的活动
2010.11	第一题	项目进度管理、项目风险管理、项目整合管理	进度管理的方法和工具，缩短工期的方法，风险识别，变更控制
	第二题	项目成本管理	挣值技术，成本和进度控制的方法
	第三题	项目整合管理、项目风险管理	风险应对，风险监控
	第四题	项目范围管理	工作分解结构，范围控制的方法
	第五题	项目配置管理	配置管理的基本概念，配置管理实施
2011.05	第一题	项目范围管理	有效范围管理，WBS 分解，范围变更控制
	第二题	项目成本管理	挣值技术，完工预测
	第三题	项目质量管理	质量管理流程，质量控制
	第四题	项目整合管理	有效项目收尾，项目总结
	第五题	信息技术服务	IT 服务管理，IT 服务管理流程，IT 服务管理的商业价值

续表

考期	题号	考查的知识领域	考查的主要知识点
2011.11	第一题	项目立项管理	可行性研究的主要内容，可行性研究的主要步骤
	第二题	项目进度管理	时差，关键路径，项目进度管理诸过程
	第三题	项目质量管理	质量保证，质量控制及其工具
	第四题	项目采购管理和合同管理	合同管理的主要内容
	第五题	项目整合管理	项目变更控制流程
2012.05	第一题	项目采购管理和合同管理	合同管理的内容，合同分析，合同履约
	第二题	项目进度管理、项目成本管理	成本估算方法，挣值技术，资源平滑
	第三题	项目质量管理	质量管理常见问题，质量评审，质量控制的工具和方法
	第四题	项目范围管理、项目整合管理	项目范围控制，项目整体变更控制、变更控制委员会
	第五题	项目配置管理	软件配置管理的要点，配置管理工作包括的活动
2012.11	第一题	项目整合管理、项目进度管理	制订项目进度计划，制订项目管理计划
	第二题	项目采购管理和合同管理、项目整合管理	项目合同管理、监控项目工作
	第三题	项目成本管理	挣值技术，绩效预测
	第四题	项目质量管理、项目沟通管理	质量保证的内容，沟通管理
2013.05	第一题	项目质量管理	质量控制，因果图
	第二题	项目进度管理	关键路径法，进度控制的方法
	第三题	项目整合管理	项目收尾，项目总结
	第四题	项目配置管理	如何建立配置管理系统
2013.11	第一题	项目立项管理	项目可行性研究的内容，项目立项前的主要工作
	第二题	项目采购管理和合同管理	合同条款，合同履约，合同工期
	第三题	项目整合管理	整体变更控制
	第四题	项目成本管理	估算和预算，有效成本管控
2014.05	第一题	项目配置管理	配置文件分类，建立配置库，配置变更管理，配置库权限分配
	第二题	项目合同管理	合同管理的主要内容，合同履约与索赔
	第三题	项目进度管理	进度控制，进度压缩，进度压缩与风险
	第四题	项目成本管理	挣值技术及其应用，项目绩效评价及分析，项目预测
2014.11	第一题	项目进度管理、项目成本管理	关键路径法，总时差，自由时差，挣值技术
	第二题	项目立项管理	建设方项目立项管理、承建方项目立项管理
	第三题	项目配置管理	配置项、配置库、配置管理、配置项版本控制
	第四题	信息技术服务、项目范围管理	项目范围说明书的内容、服务级别协议、运维服务管理

考期	题号	考查的知识领域	考查的主要知识点
2015.05	第一题	项目进度管理、项目成本管理	关键路径，总时差，自由时差，挣值技术
	第二题	项目整体管理、项目进度管理	整体变更控制，进度控制
	第三题	项目合同管理	合同的内容，合同履约管理，合同变更管理
	第四题	项目资源管理、信息技术服务	团队建设，团队管理，运维服务
2015.11	第一题	项目采购管理和合同管理	合同索赔及索赔流程，合同条款合法性
	第二题	项目范围管理	范围管理中存在的问题，范围变更控制流程
	第三题	项目整合管理	项目总结，项目验收
	第四题	项目进度管理、项目成本管理	关键路径，总工期，挣值技术
2016.05	第一题	项目进度管理	关键路径，总时差，自由时差，赶工，资源平滑
	第二题	项目采购管理和合同管理	合同管理，合同履约，合同索赔
	第三题	项目整合管理	项目整体变更管理
	第四题	项目采购管理和合同管理、项目成本管理、项目进度管理	合同索赔、成本控制、进度压缩
2016.11	第一题	项目进度管理、项目成本管理	关键路径，总时差，自由时差，挣值技术
	第二题	项目采购管理和合同管理	规划采购，控制采购，合同管理
	第三题	项目配置管理	配置管理，配置审计
	第四题	项目质量管理	规划质量管理，实施质量保证，控制质量
2017.05	第一题	项目立项管理	承建方立项管理，项目论证
	第二题	项目进度管理	关键路径法，总时差，自由时差，接驳缓冲和项目缓冲
	第三题	项目风险管理	规划风险管理，风险识别，风险分析
	第四题	项目采购管理和合同管理	规划采购，合同管理
2017.11	第一题	项目整合管理	变更管理，配置管理活动
	第二题	项目进度管理	三点估算法，关键路径法，总时差，自由时差，进度压缩
	第三题	项目整合管理	项目验收，项目总结
	第四题	项目沟通管理、项目干系人管理	管理沟通，规划干系人参与，管理干系人参与
2018.05	第一题	项目整合管理	变更管理
	第二题	项目进度管理	制订进度计划，资源平衡，资源平滑
	第三题	项目资源管理	规划资源管理，建设团队，管理团队
	第四题	项目风险管理	识别风险，规划风险应对

考期	题号	考查的知识领域	考查的主要知识点
2018.11	第一题	项目整合管理	项目整合管理的内容，项目管理办公室
	第二题	项目采购管理和合同管理	实施采购，采购文件，采购合同类型
	第三题	项目成本管理	挣值技术，直接成本和间接成本
	第四题	项目质量管理	规划质量管理，管理质量，控制质量
2019.05	第一题	项目质量管理	规划质量管理，质量和等级，质量工具
	第二题	项目进度管理、项目成本管理	项目进度网络图，关键路径法，挣值技术
	第三题	项目采购管理	项目采购管理过程，供应商选择
	第四题	项目风险管理	风险管理基本概念，规划风险应对
2019.11	第一题	项目整合管理	项目整体管理的内容，监控项目工作过程的输出
	第二题	项目进度管理、项目成本管理	三点估算法，关键路径法，总时差，挣值技术
	第三题	项目资源管理	团队建设的五个阶段，冲突管理，成功团队的特征
	第四题	信息安全工程	信息安全管理的内容，信息系统安全属性，机房防静电方式
2020.11❶	第一题	项目质量管理	质量管理过程中存在的问题，规划质量管理过程的输入和输出
	第二题	项目成本管理	对挣值技术相关指标的理解和区分，挣值计算
	第三题	项目风险管理	风险管理过程中存在的问题，项目风险管理过程，消极风险的应对策略
	第四题	项目立项管理	项目立项工作中存在的问题，可行性研究的内容，《中华人民共和国招标投标法》
2021.05	第一题	项目质量管理	质量规划，七种基本质量工具，质量管理的一些基本概念
	第二题	项目成本管理	挣值技术及其各指标的计算
	第三题	项目资源管理、项目沟通管理	资源管理方面存在的问题，远程沟通的注意要点，资源管理的理念判断
	第四题	项目范围管理	范围管理过程，范围管理中存在的问题，范围管理的一些基本概念
2021.11	第一题	项目风险管理	风险管理过程中存在的问题，风险应对策略，风险特性
	第二题	项目进度管理、项目成本管理	三点估算，挣值计算，快速跟进
	第三题	项目质量管理	控制质量过程的依据，帕累托图，质量管理的一些理念
	第四题	项目沟通管理、项目干系人管理	识别干系人，沟通管理中存在的问题，干系人管理过程，权力/利益方格

❶ 2020 年受新冠肺炎疫情影响，全国只在下半年开设了一次软考。

考期	题号	考查的知识领域	考查的主要知识点
2022.05（全国）	第一题	项目范围管理	创建工作分解结构
	第二题	项目进度管理、项目成本管理	双代号网络图、关键路径法、挣值技术
	第三题	项目资源管理	资源管理方面存在的问题、冲突管理、团队发展阶段
	第四题	项目风险管理	风险识别的方法、风险分级、风险登记册
2022.05（广东）	第一题	项目质量管理	质量审计、质量管理新七图、控制质量的输出、质量管理技术
	第二题	项目进度管理、项目成本管理	关键路径法、赶工、挣值技术
	第三题	项目风险管理	风险管理方面存在的问题、风险应对策略、风险分类
	第四题	项目配置管理	配置管理和测试过程中存在的问题、配置审计、配置库的类型
2022.11（全国）	第一题	项目质量管理	七种质量工具、质量成本、质量管理相关概念
	第二题	项目进度管理、项目成本管理	关键路径法、挣值技术、资源平滑、时标网络图
	第三题	项目采购管理	采购管理过程、招投标过程中存在的问题、合同类型、采购管理相关工具
	第四题	项目资源管理	管理者的权力、马斯洛需求层次理论
2022.11（广东）	第一题	项目质量管理	质量管理方面存在的问题、质量保证和质量控制
	第二题	项目进度管理、项目成本管理	挣值技术、进度压缩
	第三题	项目采购管理	招投标程序、《中华人民共和国政府采购法》
	第四题	项目沟通管理、项目干系人管理	沟通管理与干系人管理中存在的问题、权力/利益方格、沟通方法
2023.05	第一题	项目立项管理、项目范围管理	立项管理和需求管理方面存在的问题、需求文件包含的主要内容、项目可行性研究的一些基本知识
	第二题	项目进度管理、项目成本管理	关键路径法、总时差的作用、挣值技术、进度压缩
	第三题	项目配置管理	配置管理中存在的问题、配置工作职责、配置管理基础知识
	第四题	项目风险管理	风险识别、控制风险的作用、影响风险态度的因素
2023.11（一批次）	第一题	项目采购管理	采购管理中存在的问题、《中华人民共和国民法典》关于合同的部分、实施采购过程的输入
	第二题	项目进度管理、项目成本管理	关键路径法、工期、关键路径、挣值技术、进度压缩
	第三题	项目整合管理	整合管理中存在的问题、项目经理的整合者职责、整合管理概念判断
	第四题	本试题未知	

续表

考期	题号	考查的知识领域	考查的主要知识点
2023.11（二批次）	第一题	项目采购管理	合同包括的内容、合同类型、采购管理基本概念
	第二题	项目进度管理、项目成本管理	关键路径法、工期、关键路径、进度网络图、总时差、自由时差、挣值技术、进度滞后和成本超支时的改进措施
	第三题	项目整合管理	整合管理中存在的问题、指导与管理项目工作过程的作用和内容、整体变更控制概念判断
	第四题	项目风险管理	风险应对策略、监督风险过程的工具与方法、实施定性风险分析
2023.11（三批次）	第一题	项目质量管理	质量管理中存在的问题、控制质量与管理质量的区别与联系、质量成本
	第二题	项目进度管理、项目成本管理	关键路径法、工期、关键路径、总时差、自由时差、挣值技术、进度滞后和成本节约时的改进措施
	第三题	项目范围管理	范围管理中存在的问题、WBS 分解、范围管理概念判断
	第四题	项目沟通管理	沟通方式、沟通渠道数计算、沟通渠道的性质
2023.11（四批次）	第一题	项目资源管理	冲突的类型、冲突产生的根源、冲突解决方法
	第二题	项目进度管理、项目成本管理	时标网络图、关键路径、总时差、自由时差、资源平滑、挣值技术
	第三题	项目范围管理	范围管理中存在的问题、范围管理过程及其内容、范围管理概念判断
	第四题	项目质量管理	质量管理中存在的问题、控制质量过程的输出、质量管理概念判断
2023.11（五批次）	第一题	项目配置管理	配置管理角色职责、配置管理计划、配置管理活动、配置管理和文档管理的概念判断
	第二题	项目进度管理、项目成本管理	关键路径法、三点估算、挣值技术
	第三题	项目风险管理	风险管理中存在的问题、风险应对策略、识别风险过程的工具与技术
	第四题	项目资源管理	资源管理中存在的问题、建设项目团队过程的工具与技术、资源管理概念判断
2023.11（六批次）	第一题	项目沟通管理、项目干系人管理	权力/利益方格、沟通方法、干系人管理过程的输出、干系人参与度水平
	第二题	项目成本管理	挣值技术、进度滞后和成本超支时的纠正措施
	第三题	本试题未知	
	第四题	本试题未知	

1.2.2　2009—2023年案例分析考查重点分布

自2009年上半年第一次开考至2023年系统集成项目管理工程师案例分析考试中考查的知识领域及其分布的情况，见表1-3。

表1-3　考查的知识领域及其分布情况

考查的知识领域	考期及题号
项目整合管理	2009.05（4）❶、2009.05（5）、2010.05（4）、2010.11（1）、2010.11（3）、2011.05（4）、2011.11（5）、2012.05（4）、2012.11（1）、2012.11（2）、2013.05（3）、2013.11（3）、2015.05（2）、2016.05（3）、2017.11（1）、2018.05（1）、2018.11（1）、2019.11（1）、2023.11（一批次）（3）、2023.11（二批次）（3）
项目范围管理	2009.11（2）、2010.11（4）、2011.05（1）、2012.05（4）、2014.11（4）、2015.11（2）、2021.05（4）、2022.05（全国）（1）、2023.05（1）、2023.11（三批次）（3）、2023.11（四批次）（3）
项目进度管理	2009.05（1）、2009.05（2）、2009.11（3）、2010.11（1）、2011.11（2）、2012.05（4）、2012.11（1）、2013.05（2）、2014.05（3）、2014.11（1）、2015.05（1）、2015.05（2）、2015.11（4）、2016.05（1）、2016.05（4）、2016.11（1）、2017.05（2）、2017.11（2）、2018.05（2）、2019.05（2）、2019.11（2）、2021.11（2）、2022.05（全国）（2）、2022.05（广东）（2）、2022.11（全国）（2）、2022.11（广东）（2）、2023.05（2）、2023.11（一批次）（2）、2023.11（二批次）（2）、2023.11（三批次）（2）、2023.11（四批次）（2）、2023.11（五批次）（2）
项目成本管理	2009.11（4）、2010.05（4）、2010.11（4）、2011.05（2）、2011.05（4）、2012.05（2）、2012.11（3）、2013.05（3）、2013.11（4）、2014.05（4）、2014.11（1）、2015.05（1）、2015.11（3）、2015.11（4）、2016.05（4）、2016.11（1）、2017.11（3）、2018.11（3）、2019.05（2）、2019.11（2）、2020.11（2）、2021.05（2）、2021.11（2）、2022.05（全国）（2）、2022.05（广东）（2）、2022.11（全国）（2）、2022.11（广东）（2）、2023.05（2）、2023.11（一批次）（2）、2023.11（二批次）（2）、2023.11（三批次）（2）、2023.11（四批次）（2）、2023.11（五批次）（2）、2023.11（六批次）（2）
项目质量管理	2009.05（3）、2009.05（4）、2009.11（5）、2010.05（3）、2011.05（3）、2011.11（3）、2012.05（3）、2012.11（4）、2013.05（1）、2016.11（4）、2018.11（4）、2019.05（1）、2020.11（1）、2021.05（1）、2021.11（3）、2022.05（广东）（1）、2022.11（全国）（1）、2022.11（广东）（1）、2023.11（三批次）（1）、2023.11（四批次）（4）
项目资源管理	2015.05（4）、2018.05（3）、2019.11（3）、2021.05（3）、2022.05（全国）（3）、2022.11（全国）（4）、2023.11（四批次）（1）、2023.11（五批次）（4）
项目沟通管理	2012.11（4）、2017.11（4）、2021.05（3）、2021.11（4）、2022.11（广东）（4）、2023.11（三批次）（4）、2023.11（六批次）（1）

---

❶ "××××.××（×）"的含义：前面"××××"表示年度，中间"××"表示考试月份，括号中的"×"表示考题序号，下同。

续表

考查的知识领域	考期及题号
项目干系人管理	2017.11（4）、2021.11（4）、2022.11（广东）（4）、2023.11（六批次）（1）
项目风险管理	2010.11（1）、2010.11（3）、2017.05（3）、2018.05（4）、2019.05（4）、2020.11（3）、2021.11（1）、2022.05（全国）（4）、2022.05（广东）（3）、2023.05（4）、2023.11（二批次）（4）、2023.11（五批次）（3）
项目采购管理和合同管理	2009.05（4）、2009.11（1）、2010.05（1）、2011.11（4）、2012.05（1）、2012.11（2）、2013.11（2）、2014.05（2）、2015.05（3）、2015.11（1）、2016.05（2）、2016.05（4）、2016.11（2）、2017.05（4）、2018.11（2）、2019.05（3）、2022.11（全国）（3）、2022.11（广东）（3）、2023.11（一批次）（1）、2023.11（二批次）（1）
项目配置管理	2010.05（5）、2010.11（5）、2012.05（5）、2013.05（4）、2014.05（1）、2014.11（3）、2016.11（3）、2022.05（广东）（4）、2023.05（3）、2023.11（五批次）（1）
信息技术服务	2011.05（5）、2014.11（5）、2015.05（4）
项目立项管理	2011.11（1）、2013.11（1）、2014.11（2）、2017.05（1）、2020.11（4）、2023.05（1）
信息安全工程	2019.11（4）

1.3　历年案例分析考题与考试大纲对照表

以下是自2009年上半年第一次开考至2023年系统集成项目管理工程师案例分析考试中考查的主要知识点与《考试大纲》的对照情况，见表1-4。

表1-4　案例分析考试中考查的主要知识点与《考试大纲》的对照情况

考查的范围	考查的子范围	考期及题号
1. 信息技术服务	1.1 内涵与外延	
	1.2 原理与组成	2014.11（4）
	1.3 服务生命周期	
	1.4 服务标准化	2011.05（5）
	1.5 服务质量评价	2015.05（4）
	1.6 服务发展	
	1.7 服务集成与实践	
2. 信息系统架构	2.1 架构基础	
	2.2 系统架构	
	2.3 应用架构	
	2.4 数据架构	

续表

考查的范围	考查的子范围	考期及题号
2. 信息系统架构	2.5 技术架构	
	2.6 网络架构	
	2.7 安全架构	
	2.8 云原生架构	
3. 软件工程	3.1 软件工程定义	
	3.2 软件需求	
	3.3 软件设计	
	3.4 软件实现	
	3.5 部署交付	
	3.6 软件质量管理	
	3.7 软件过程能力成熟度	
4. 数据工程	4.1 数据采集和预处理	
	4.2 数据存储及管理	
	4.3 数据治理和建模	
	4.4 数据仓库和数据资产	
	4.5 数据分析及应用	
	4.6 数据脱敏和分类分级	
5. 软硬件系统集成	5.1 系统集成基础	
	5.2 基础设施集成	
	5.3 软件集成	
	5.4 业务应用集成	
6. 信息安全工程	6.1 信息安全管理	2019.11（4）
	6.2 信息安全系统	2019.11（4）
	6.3 工程体系架构	
7. 项目管理概论	7.1 PMBOK 的发展	
	7.2 项目基本要素	2018.11（1）
	7.3 项目经理的角色	2023.11（一批次）（3）
	7.4 项目生命周期和项目阶段	2009.05（5）
	7.5 项目立项管理	2011.11（1）、2013.11（1）、2014.11（2）、2017.05（1）、2020.11（4）、2023.05（1）
	7.6 项目管理过程组	
	7.7 项目管理原理	

考查的范围	考查的子范围	考期及题号
7. 项目管理概论	7.8 项目管理知识领域	2009.05（5）、2010.11（3）、2011.05（1）、2011.11（2）、2012.05（3）、2015.11（2）、2018.11（1）、2019.05（3）、2019.05（4）、2019.11（1）、2020.11（1）、2020.11（3）、2021.05（3）、2021.05（4）、2021.11（1）、2021.11（3）、2021.11（4）、2022.05（全国）（3）、2022.05（广东）（3）、2022.11（全国）（1）、2022.11（全国）（3）、2022.11（广东）（1）、2022.11（广东）（4）、2023.11（一批次）（1）、2023.11（一批次）（3）、2023.11（二批次）（1）、2023.11（二批次）（3）、2023.11（三批次）（1）、2023.11（三批次）（3）、2023.11（四批次）（3）、2023.11（四批次）（4）、2023.11（五批次）（3）、2023.11（五批次）（4）
	7.9 价值交付系统	
8. 启动过程组	8.1 制订项目章程	
	8.2 识别干系人	2021.11（4）、2022.11（广东）（4）、2023.11（六批次）（1）
	8.3 启动过程组的重点工作	
9. 规划过程组	9.1 制订项目管理计划	2010.05（4）、2012.11（1）
	9.2 规划范围管理	
	9.3 收集需求	2023.05（1）
	9.4 定义范围	2009.11（2）、2014.11（4）
	9.5 创建 WBS	2010.11（4）、2011.05（1）、2022.05（全国）（1）、2023.11（三批次）（3）
	9.6 规划进度管理	
	9.7 定义活动	
	9.8 排列活动顺序	2019.05（2）、2021.11（2）、2022.05（全国）（2）、2022.11（全国）（2）、2023.11（二批次）（2）、2023.11（四批次）（2）
	9.9 估算活动持续时间	2017.11（2）、2019.11（2）、2023.11（五批次）（2）
	9.10 制订进度计划	2009.05（1）、2009.05（2）、2011.11（2）、2012.05（2）、2012.11（1）、2013.05（2）、2014.11（1）、2015.05（1）、2015.11（4）、2016.05（1）、2016.11（1）、2017.05（2）、2017.11（2）、2018.05（2）、2019.05（2）、2019.11（2）、2022.05（全国）（2）、2022.05（广东）（2）、2022.11（全国）（2）、2023.05（2）、2023.11（一批次）（2）、2023.11（二批次）（2）、2023.11（三批次）（2）、2023.11（四批次）（2）、2023.11（五批次）（2）

考查的范围	考查的子范围	考期及题号
9.　规划过程组	9.11 规划成本管理	2018.11（3）
	9.12 估算成本	2012.05（2）、2013.11（4）
	9.13 制订预算	2013.11（4）
	9.14 规划质量管理	2009.11（5）、2016.11（4）、2018.11（4）、2019.05（1）、2020.11（1）、2021.05（1）、2022.11（全国）（1）、2023.11（三批次）（1）
	9.15 规划资源管理	2018.05（3）
	9.16 估算活动资源	
	9.17 规划沟通管理	2021.05（3）、2023.11（三批次）（4）、2023.11（六批次）（1）
	9.18 规划风险管理	2017.05（3）
	9.19 识别风险	2010.11（1）、2017.05（3）、2018.05（4）、2022.05（全国）（4）、2023.05（4）、2023.11（五批次）（3）
	9.20 实施定性风险分析	2017.05（3）、2022.05（全国）（4）、2022.05（广东）（3）、2023.11（二批次）（4）
	9.21 实施定量风险分析	
	9.22 规划风险应对	2010.11（3）、2018.05（4）、2019.05（4）、2021.11（1）、2022.05（广东）（3）、2023.11（二批次）（4）、2023.11（五批次）（3）
	9.23 规划采购管理	2013.11（2）、2016.11（2）、2017.05（4）、2018.11（2）、2022.11（全国）（3）、2023.11（二批次）（1）
	9.24 规划干系人参与	2017.11（4）
10.　执行过程组	10.1 指导与管理项目工作	2023.11（二批次）（3）
	10.2 管理项目知识	
	10.3 管理质量	2010.05（3）、2010.05（4）、2011.11（3）、2012.11（4）、2016.11（4）、2018.11（4）、2022.05（广东）（1）、2022.11（广东）（1）、2023.11（三批次）（1）
	10.4 获取资源	
	10.5 建设团队	2015.05（4）、2018.05（3）、2019.05（3）、2022.05（全国）（3）、2022.11（全国）（4）、2023.11（五批次）（4）
	10.6 管理团队	2015.05（4）、2018.05（3）、2019.11（3）、2023.11（四批次）（1）
	10.7 管理沟通	2017.11（4）、2022.05（全国）（3）

考查的范围	考查的子范围	考期及题号
10. 执行过程组	10.8 实施风险应对	
	10.9 实施采购	2018.11（2）、2019.05（3）、2022.11（广东）（3）、2023.11（一批次）（1）
	10.10 管理干系人参与	2017.11（4）、2023.11（六批次）（1）
11. 监控过程组	11.1 控制质量	2009.05（3）、2009.11（5）、2010.05（3）、2011.05（3）、2011.11（3）、2012.05（3）、2013.05（1）、2016.11（4）、2018.11（4）、2021.11（3）、2022.05（广东）（1）、2022.11（广东）（1）、2023.11（三批次）（1）、2023.11（四批次）（4）
	11.2 确认范围	
	11.3 控制范围	2009.11（2）、2010.11（4）、2011.05（1）、2012.05（4）、2015.11（2）
	11.4 控制进度	2009.05（1）、2009.11（3）、2010.11（1）、2013.05（2）、2014.05（3）、2015.05（2）、2016.05（4）、2021.11（2）、2022.11（广东）（2）、2023.05（2）、2023.11（一批次）（2）、2023.11（二批次）（2）、2023.11（三批次）（2）、2023.11（六批次）（2）
	11.5 控制成本	2009.11（4）、2010.05（2）、2010.11（2）、2011.05（2）、2012.05（2）、2012.11（3）、2013.11（4）、2014.05（4）、2014.11（1）、2015.05（1）、2015.11（4）、2016.05（4）、2016.11（1）、2018.11（3）、2019.05（2）、2019.11（2）、2020.11（2）、2021.05（2）、2021.11（2）、2022.05（全国）（2）、2022.05（广东）（2）、2022.11（全国）（2）、2022.11（广东）（2）、2023.05（2）、2023.11（一批次）（2）、2023.11（二批次）（2）、2023.11（三批次）（2）、2023.11（四批次）（2）、2023.11（五批次）（2）、2023.11（六批次）（2）
	11.6 控制资源	
	11.7 监督沟通	2012.11（4）
	11.8 监督风险	2010.11（3）、2023.05（4）、2023.11（二批次）（4）
	11.9 控制采购	2009.05（4）、2009.11（1）、2010.05（1）、2011.11（4）、2012.05（1）、2012.11（2）、2014.05（1）、2015.05（3）、2015.11（1）、2016.05（2）、2016.05（4）、2016.11（2）、2017.05（4）
	11.10 监督干系人参与	

续表

考查的范围	考查的子范围	考期及题号
11. 监控过程组	11.11 监控项目工作	2012.11（2）、2019.11（1）
	11.12 实施整体变更控制	2009.05（4）、2010.11（1）、2011.11（5）、2012.05（4）、2013.11（3）、2015.05（2）、2016.05（3）、2018.05（1）、2023.11（二批次）（3）
12. 收尾过程组	12.1 结束项目或阶段	2009.05（4）、2011.05（4）、2013.05（3）、2015.11（3）
	12.2 收尾过程组的重点工作	2009.05（4）、2010.05（1）、2011.05（4）、2013.05（3）、2015.11（3）、2017.11（3）
13. 组织保障	13.1 信息和文档管理	2014.05（1）
	13.2 配置管理	2010.05（5）、2010.11（5）、2012.05（5）、2013.05（4）、2014.05（1）、2014.11（3）、2016.11（3）、2017.11（1）、2022.05（广东）（4）、2023.05（3）、2023.11（五批次）（1）
	13.3 变更管理	2009.05（4）、2010.11（1）、2011.11（5）、2012.05（4）、2017.11（1）、2018.05（1）
14. 法律法规和标准规范	14.1 法律法规	2015.11（1）、2018.11（2）、2020.11（4）、2022.11（广东）（3）、2023.11（一批次）（1）
	14.2 标准规范	
15. 职业道德规范	15.1 基本概念	
	15.2 项目管理工程师职业道德规范	
	15.3 项目管理工程师岗位职责	
	15.4 项目管理工程师对项目团队的责任	
	15.5 提升个人道德修养水平	

1.4　如何做好案例分析科目的应考准备

考生可以从如下几个方面进行案例分析的应考准备：

（1）以项目管理知识体系❶为核心，根据案例分析考试大纲，以《系统集成项目管理工程师教程（第3版）》（以下简称"新教程"）为学习教材，系统学习相关理论知识，重点掌握49个过程

---

❶ 项目管理知识体系包括五大过程组、十大知识领域和49个过程，详见附录1。

的主要输入、输出、工具与技术。当然，从学习效率与学习体验的角度来说，中国水利水电出版社出版的《系统集成项目管理工程师考试 32 小时通关》《系统集成项目管理工程师 5 天修炼》也受到广泛好评。

（2）阅读本书第 1 章，了解案例分析历年的出题范围和考试重点。

（3）阅读本书第 2 章和第 4 章（至少 3 遍），彻底掌握计算类型和文字类型的案例分析题的答题技巧和方法。

（4）阅读本书附录 1 和附录 2，在头脑中构建出完整的项目管理知识体系的总体框架。

（5）阅读本书第 3 章和第 5 章（1～2 遍），学习历年各考题的答题思路分析和参考答案。

（6）根据自己对知识的掌握情况，选择 10～15 道左右不同类型的历年考试题，独立完成，然后再对照本书的解析和参考答案，检验自己的解题水平，必要时隔一段时间再做一次（如隔两周左右的时间）。

（7）考前一到两周强化记忆（五大过程组，十大知识领域，49 个过程的主要输入、输出、工具与技术，项目管理相关技术的计算公式等）。

（8）除了总结自己的实际项目管理经验外，平时也可多与项目管理经验丰富的人员沟通，听他们谈谈实际项目管理的经验和感受，这样有利于在做案例分析题时做到理论和实践的有机结合。

第2章
计算类型的案例分析题解题
技巧和常考计算技术详解

2.1 计算类型的案例分析题的解题技巧

要能做好、做对计算类型的案例分析题，主要要掌握好如下诀窍：

（1）把题干和问题全部看完，看懂题干中的内容描述和各问题需要具体计算的指标究竟是什么。

（2）正确理解相关指标的含义并能根据题干中给的信息进行正确统计。

（3）正确使用相关指标的计算公式。

（4）确保计算过程和结果是正确的。

2.2 计算类型的案例分析题经常考的计算技术详解

2.2.1 三点估算法详解

三点估算的结果默认服从正态分布。考生需要掌握如何在正态分布之下计算均值、标准差和完成的可能性。

假如用 t_O 表示最乐观估计值，用 t_M 表示最可能估计值，用 t_P 表示最悲观估计值，则正态分布之下，均值 $t_E=(t_O+4t_M+t_P)/6$，标准差 $\sigma=(t_P-t_O)/6$。

考生需要掌握并能正确运用正态分布的三个特征：①正态分布曲线与横轴所夹的总面积是100%；②正态分布曲线关于均值所在的 Y 轴对称；③区域$[t_E-\sigma, t_E+\sigma]$的面积是68.26%、区域$[t_E-2\sigma, t_E+2\sigma]$的面积是95.44%、区域$[t_E-3\sigma, t_E+3\sigma]$的面积是99.73%，如图2-1所示。

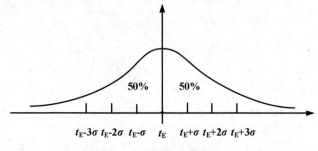

图 2-1 正态分布结果图

计算完成的可能性一般采用如下四个步骤：

步骤一：首先根据题目的描述计算出活动的均值 t_E 和标准差 σ。

步骤二：根据题目中要求的时间段范围，改用 t_E 和 σ 表示。

步骤三：对照正态分布图，找出所对应的区域。

步骤四：（如需要，对要计算的区域进行拆分）计算出所对应的区域的面积，面积的大小就是完成的可能性大小。

举例：某项工作采用三点估算法进行估算。其中最乐观时间为 6 天可以完成，最可能时间为 12 天可以完成，最悲观时间为 18 天可以完成。问该项工作在 10 天到 12 天完成的可能性是多少？

解析：

步骤一：首先计算出均值 t_E=(6+4×12+18)/6 = 12，标准差 σ=(18–6)/6 = 2。

步骤二：用 t_E 和 σ 来表示题目中要求的时间段范围，即要求的区间为 $[t_E-\sigma, t_E]$。

步骤三：对照正态分布图，找出所对应的区域。

步骤四：计算出所对应的区域的面积，面积是 34.13%（68.26%/2），因此该项工作在 10 天到 12 天完成的可能性是 34.13%，如图 2-2 所示。

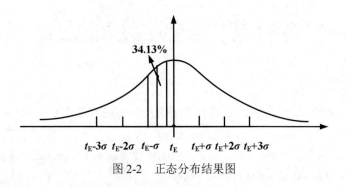

图 2-2 正态分布结果图

2.2.2 关键路径法详解

关键路径法是在不考虑任何约束和假设条件的情况之下，根据项目进度网络图进行推演得到项目进度计划的一种方法。

项目中的所有活动，都有四个时间：活动的最早开始时间（Early Start，ES）、活动的最早结束时间（Early Finish，EF）、活动的最晚开始时间（Last Start，LS）和活动的最晚结束时间（Last Finish，LF），如图 2-3 所示。

ES	活动历时	EF
活动名称		
LS	总时差	LF

图 2-3　活动的四个时间

使用关键路径法的要领就是采用顺推法和逆推法分别计算出项目中每一个活动的 ES、EF、LF 和 LS。

首先采用顺推法，沿着项目进度网络图从左至右推算出每一个活动的最早开始时间（ES）和最早结束时间（EF）；如果第一个活动从 0 开始计算，那么活动的最早结束时间 = 最早开始时间 + 活动历时，[当活动与活动之间的逻辑关系是完成—开始（Finish-to-start，F-S）的关系时]紧后活动的最早开始时间 = 紧前活动的最早结束时间（如果一个紧后活动有多个紧前活动，则紧后活动的最早开始时间 = 所有紧前活动的最早结束时间中最大的那个值）；如果第一个活动从 1 开始计算，那么活动的最早结束时间 = 最早开始时间 + 活动历时–1，（当活动与活动之间的逻辑关系是 F-S 的关系时）紧后活动的最早开始时间 = 紧前活动的最早结束时间 + 1（如果一个紧后活动有多个紧前活动，则紧后活动的最早开始时间 = 所有紧前活动的最早结束时间中最大的那个值 +1）。

正确完成顺推后，最后一个活动的最早结束时间就代表着本项目的总工期（因为项目的最后一个活动完成了，当然整个项目的所有活动都完成了。如果项目的最后一个活动有并列多个，则项目总工期就是这些活动中最早结束时间中最大的那个值）。

如下是某项目的项目进度网络图，假设时间单位是天，如果第一个活动选择从第 0 天开始推，则顺推之后的结果如图 2-4 所示。

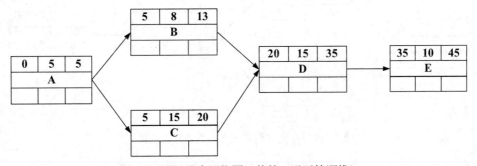

图 2-4　项目进度网络图（从第 0 天开始顺推）

如果第一个活动选择从第 1 天开始推，则顺推之后的结果如图 2-5 所示。

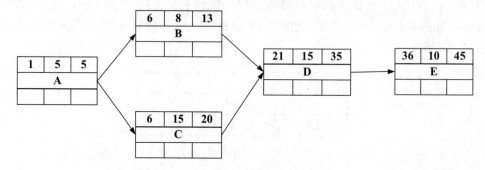

图 2-5　项目进度网络图（第 1 天开始顺推）

　　然后再逆推，逆推法是从项目最后一个活动开始，从右至左反向将每个活动的最晚结束时间和最晚开始时间一一找出来；如果第一个活动从 0 开始计算，那么最晚开始时间 = 最晚结束时间 − 工期，（当活动与活动之间的逻辑关系是 F-S 的关系时）紧前活动的最晚结束时间 = 紧后活动的最晚开始时间（如果一个紧前活动有多个紧后活动，则紧前活动的最晚结束时间 = 所有紧后活动的最晚开始时间中最小的那个值）；如果第一个活动从 1 开始计算，那么最晚开始时间 = 最晚结束时间−工期 + 1，（当活动与活动之间的逻辑关系是 F-S 的关系时）紧前活动的最晚结束时间 = 紧后活动的最晚开始时间−1（如果一个紧前活动有多个紧后活动，则紧前活动的最晚结束时间 = 所有紧后活动的最晚开始时间中最小的那个值−1）。

　　逆推时最后一个活动的最晚结束时间等于该活动的最早结束时间（即等于项目的总工期）；如果项目的最后一个活动有并列多个，则这些活动的最晚结束时间都等于这些活动中最早结束时间中最大的那个值（即都等于项目的总工期）。

　　如下的这个项目进度网络图，假设时间单位是天，如果第一个活动选择从第 0 天开始推，则逆推之后的结果如图 2-6 所示。

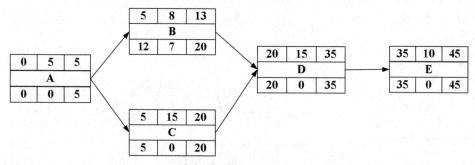

图 2-6　项目进度网络图（第 0 天开始逆推）

如果第一个活动选择从第 1 天开始推，则逆推之后的结果如图 2-7 所示。

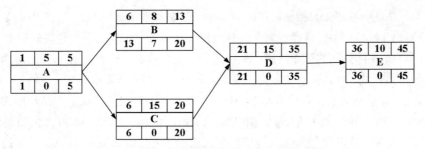

图 2-7　项目进度网络图（第 1 天开始逆推）

选择从第 0 天开始推时，活动的总时差 = 活动的 LS–活动的 ES = 活动的 LF–活动的 EF，活动的自由时差 = 后一活动的 ES–当前活动的 EF。

选择从第 1 天开始推时，活动的总时差 = 活动的 LS–活动的 ES = 活动的 LF–活动的 EF，活动的自由时差 = 后一活动的 ES–当前活动的 EF–1。

如果一个活动有多个紧后活动，则该活动的自由时差是该活动相对于后续所有紧后活动自由时差的最小值。

关键路径即为项目进度网络图中历时最长的路径，关键路径的总长度等于项目的总工期（如图 2-7，关键路径为 ACDE）。

2.2.3　挣值技术详解

挣值技术（Earned Value Management，EVM）是一种把范围、进度和资源绩效综合起来考虑，以评估项目绩效和进展的方法。挣值技术通过计算和监测三个关键指标：计划价值（Planned Value，PV）、挣值（Earned Value，EV）和实际成本（Actual Cost，AC）来判断项目当前绩效、预测项目未来情况，如图 2-8 所示。

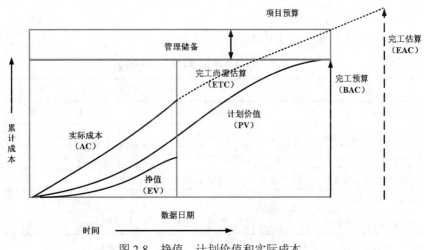

图 2-8　挣值、计划价值和实际成本

完工预算（Budget at Completion，BAC）是第一次被批准的成本基准。

计划价值（PV）是按项目进度计划在某时间段内完成既定工作所需要花费的成本。

挣值（EV）是实际开展的工作对应计划所需要付出的成本。计算挣值（EV）有两种方法：实际完工法和简单累计法，默认使用实际完工法。实际完工法即完成多少算多少，例如一个活动计划花 10 万元做完（即该活动的计划价值是 10 万元），假设该活动已经完成了 35%，则该活动的挣值 EV 是 10×35%=3.5（万元）。简单累计法有 0/100、10/90、20/80、30/70、40/60、50/50 等法则；0/100 法则的含义是，如果一个活动没有全部完工，那么该活动的挣值就是 0；10/90 法则的含义是，如果一个活动已经开工了但没有全部完工，那么该活动的挣值就是该活动对应的计划价值的 10%；20/80 法则的含义是，如果一个活动已经开工了但没有全部完工，那么该活动的挣值就是该活动对应的计划价值的 20%，其他法则以此类推。例如一个活动计划花 10 万元做完（即该活动的计划价值是 10 万元），假设该活动已经完成了 35%，如果使用 0/100 法则计算挣值，则该活动的挣值 EV 是 0（万元），如果使用 10/90 法则计算挣值，则该活动的挣值（EV）是 10×10%=1（万元），如果使用 50/50 法则计算挣值，则该活动的挣值（EV）是 10×50%=5（万元）。

实际成本（AC）是实际完成这些工作所付出的成本。

需要注意的是：计算项目绩效时，计划价值（PV）、挣值（EV）和实际成本（AC）的统计必须是同一时间段的数值。

完工尚需估算（Estimate to Complete，ETC）是指完成所有剩余项目工作的预计成本。

完工估算（Estimated Actual at Completion，EAC）是指完成项目所有工作所需的预期总成本，即项目进展到一定程度后对完成项目所需的所有成本进行重新评估之后的结果。根据 EAC、AC 和 ETC 的定义，EAC 永远等于已经完成的工作所花的成本（AC）加上剩余工作重新评估还需要花的成本（ETC）。

进度偏差(SV) = 挣值(EV)–计划价值(PV)；成本偏差(CV) =挣值(EV)–实际成本(AC)。

SV> 0 表示实际进度比计划进度提前；SV< 0 表示实际进度比计划进度落后；CV> 0 表示成本节约（实际完成的工作所付出的成本小于原计划要付出的成本）；CV< 0 表示成本超支（实际完成的工作所付出的成本大于原计划要付出的成本），见表 2-1。

表 2-1　挣值技术相关指标计算公式

术语	解释	公式
SV（Schedule Variance）	进度偏差	EV–PV
SPI（Schedule Performance Index）	进度绩效指数	EV/PV
CV（Cost Variance）	成本偏差	EV–AC
CPI（Cost Performance Index）	成本绩效指数	EV/AC
VAC（Variance At Completion）	完工偏差	BAC–EAC
TCPI（To Completion Performance）	完工尚需绩效指数	(BAC–EV)/ETC

进度绩效指数(SPI) = 挣值(EV)/计划价值(PV)；

成本绩效指数(CPI) =挣值(EV)/实际成本(AC)。

SPI>1 表示实际进度比计划进度提前；SPI<1 表示实际进度比计划进度落后；CPI>1 表示成本节约（实际完成的工作所付出的成本小于原计划要付出的成本）；CPI<1 表示成本超支（实际完成的工作所付出的成本大于原计划要付出的成本）。

完工偏差(VAC) = 完工预算(BAC)–完工估算(EAC)。

完工尚需绩效指数(TCPI) = (BAC–EV)/ETC。

在非典型偏差的情况下（非典型偏差是指项目进度绩效和成本绩效与当前无关，与原计划保持一致），ETC = BAC–EV。因为在做项目计划时，我们期望的进度绩效指数（SPI）和成本绩效指数（CPI）都是 1，即原计划要完成的工作，实际刚好按计划完成，原计划花多少钱完成多少工作实际刚好花多少钱完成这些工作；即 TCPI=原计划的 CPI = 1，由于 TCPI = (BAC–EV)/ETC，所以 ETC = BAC–EV。

在典型偏差的情况下（典型偏差是指项目进度绩效和成本绩效与当前保持一致，当前怎样未来就怎样），ETC = (BAC–EV)/CPI；因为 TCPI=（项目当前的）CPI，由于 TCPI = (BAC–EV)/ETC，所以 ETC = (BAC–EV)/CPI。

第**3**章
历年计算类型的案例分析题真题解析

2018.05 试题二

【说明】阅读下列材料，请回答问题 1 至问题 3。

案例描述及问题

某项目由 P1、P2、P3、P4、P5 五个活动组成，五个活动全部完成之后项目才能够完成，每个活动都需要用到 R1、R2、R3 三种互斥资源，三种资源都必须达到活动的资源需求量，活动才能开始。已分配资源只有在完成本活动后才能被其他活动所用。目前项目经理能够调配的资源有限，R1、R2、R3 的可用资源数分别为 9、8、5。

活动对资源的需求量、已分配资源数和各活动历时如下表所示（假设各活动之间没有依赖关系）：

活动	资源需求量			已分配资源数			历时/周
	R1	R2	R3	R1	R2	R3	
P1	6	4	1	1	2	1	1
P2	2	3	1	2	1	1	3
P3	8	0	1	2	0	0	3
P4	3	2	0	1	2	0	2
P5	1	4	4	1	1	3	4

【问题1】（6 分）

基于以上案例，简要叙述最优的活动步骤安排。

【问题2】（7 分）

基于以上案例，请计算项目的完工时间（详细写出每个活动的开始时间、占用资源和完成时间以及项目经理分配资源的过程）。

【问题3】（4 分）

在制订项目计划的过程中，往往受到资源条件的限制，因此会经常采用资源平衡和资源平滑方法，请简要描述二者的区别。

答题思路总解析

从本案例提出的三个问题，我们很容易判断出：该案例主要考查的是项目的进度管理。本案例后的**【问题1】**和**【问题2】**侧重考查制订进度计划，**【问题3】**是纯理论性质的问题，与案例关系不大。（**案例难度：★★★★★**）

【问题1】答题思路解析及参考答案

一、答题思路解析

根据项目所提供的资源、各活动所需要的资源、各活动已分配的资源，我们可以知道：各活动还需要的资源、已分配的总资源、目前剩余资源情况如下表：

活动	资源需求量			已分配资源数			历时/周	还需资源数		
	R1	R2	R3	R1	R2	R3		R1	R2	R3
P1	6	4	1	1	2	1	1	5	2	0
P2	2	3	1	2	1	1	3	0	2	0
P3	8	0	1	2	0	0	3	6	0	1
P4	3	2	0	1	2	0	2	2	0	0
P5	1	4	4	1	1	3	4	0	3	1
已分配的总资源				7	6	5	目前剩余资源	2	2	0

根据剩余资源和各活动还需要的资源，可以看出剩余资源数量仅仅并刚好满足 P2（P2 还需要 R1、R2、R3 的资源数量是 0、2、0）和 P4（P4 还需要 R1、R2、R3 的资源数量是 2、0、0）的需要。把剩余资源分配给 P2 和 P4 后，R1、R2、R3 剩余资源的数量是 0、0、0。因此，第 1 周和第 2 周，完成 P4；第 1 周、第 2 周和第 3 周完成 P2。

P4 完成后，所释放的资源 R1、R2、R3 的数量分别是 3、2、0，这个资源量不能满足 P1、P3 和 P5 任何一项活动所需资源数量的要求，所以此时不能开展这三个活动中的任何一个。

P2 完成后（当然此时 P4 已经完成了），P4 和 P2 所释放的资源 R1、R2、R3 的数量分别是 5、

5、1，这些资源数量刚好满足 P1（P1 还需要 R1、R2、R3 的资源数量是 5、2、0）和 P5（P5 还需要 R1、R2、R3 的资源数量是 0、3、1）对 R1、R2、R3 资源数量的需求。把 P4 和 P2 所释放的资源分配给 P1 和 P5 后，R1、R2、R3 剩余资源的数量是 0、0、0。因此，第 4 周完成 P1；第 4 周、第 5 周、第 6 周和第 7 周完成 P5。第 4 周当 P1 完成后，所释放出来的 R1、R2、R3 的资源数量分别是 6、4、1，而 P3 还需要 R1、R2、R3 的资源数分别是 6、0、1，所释放出来的资源满足 P3 的需要后，资源 R1、R2、R3 分别还剩余 0、4、0，因此 P3 可以安排在第 5 周、第 6 周和第 7 周执行。**（问题难度：★★★★★）**

二、参考答案

最优的活动步骤安排是：

第 1 周和第 2 周完成 P4；第 1 周、第 2 周和第 3 周完成 P2。

第 4 周完成 P1；第 4 周、第 5 周、第 6 周和第 7 周完成 P5。

第 5 周、第 6 周和第 7 周完成 P3。

【问题 2】答题思路解析及参考答案

一、答题思路解析

根据【问题 1】答题思路解析，我们可以得出活动安排的执行顺序如下图**（问题难度：★★★★★）：**

第 1 周	第 2 周	第 3 周	第 4 周	第 5 周	第 6 周	第 7 周
P4	P4					
P2	P2	P2				
			P1			
			P5	P5	P5	P5
				P3	P3	P3

二、参考答案

项目完工时间为 7 周。

P4 活动的开始时间是从第 1 周开始，占用资源 R1、R2、R3 分别是 3、2、0，完成时间是第 2 周结束。项目经理从剩余的资源中给 P4 分别分配 R1、R2、R3 的资源数量是 2、0、0。

P2 活动的开始时间是从第 1 周开始，占用资源 R1、R2、R3 分别是 2、3、1，完成时间是第 3 周结束。项目经理从剩余的资源中给 P2 分别分配 R1、R2、R3 的资源数量是 0、2、0。

P1 活动的开始时间是从第 4 周开始，占用资源 R1、R2、R3 分别是 6、4、1，完成时间是第 4 周结束。项目经理从 P2 和 P4 释放出的资源中给 P1 分别分配 R1、R2、R3 的资源数量是 5、2、0。

P5 活动的开始时间是从第 4 周开始，占用资源 R1、R2、R3 分别是 1、4、4，完成时间是第 7 周结束。项目经理从 P2 和 P4 释放出的资源中给 P5 分别分配 R1、R2、R3 的资源数量是 0、3、1。

P3 活动的开始时间是从第 5 周开始，占用资源 R1、R2、R3 分别是 8、0、1，完成时间是第 7 周结束。项目经理从 P1 活动释放出的资源中给 P3 分别分配 R1、R2、R3 的资源数量是 6、0、1。

活动安排的执行顺序如下图：

第 1 周	第 2 周	第 3 周	第 4 周	第 5 周	第 6 周	第 7 周
P4						
P2						
			P1			
				P5		
				P3		

【问题 3】答题思路解析及参考答案

一、答题思路解析

根据"案例描述及问题"中的信息可知，该问题是一个纯理论性质的问题。（**问题难度：★★★**）

二、参考答案

资源平衡是为了在资源需求与资源供给之间取得平衡，根据资源制约对开始日期和结束日期进行调整的一种技术。资源平衡往往导致关键路径的改变。

资源平滑是对进度模型的活动进行调整，从而使项目资源需求不超过预定的资源限制的一种技术。相对于资源平衡而言，资源平滑不会改变项目的关键路径，完工日期也不会延迟。也就是说，活动只在其自由浮动时间和总浮动时间内延迟。

2018.11 试题三

【说明】阅读下列材料，请回答问题 1 至问题 4。

案例描述及问题

下表给出了某信息系统建设项目的所有活动截止到 2018 年 6 月 1 日的成本绩效数据，项目完工预算 BAC 为 30000 元。

活动名称	完成百分比/%	PV/元	AC/元
1	100	1000	1000
2	100	1500	1600
3	100	3500	3000
4	100	800	1000
5	100	2300	2000
6	80	4500	4000
7	100	2200	2000
8	60	2500	1500
9	50	4200	2000
10	50	3000	1600

【问题1】（10分）

请计算项目当前的成本偏差（CV）、进度偏差（SV）、成本绩效指数（CPI）、进度绩效指数（SPI），并指出该项目的成本和进度的执行情况（CPI和SPI结果保留两位小数）。

【问题2】（3分）

项目经理对项目偏差产生的原因进行了详细分析，预计未来还会发生类似偏差。如果项目要按期完成，请估算项目的ETC（结果保留一位小数）。

【问题3】（2分）

假如此时项目增加100元的管理储备，项目完工预算BAC如何变化？

【问题4】（6分）

以下成本中，直接成本有哪三项？间接成本有哪三项？（从候选答案中选择正确项，将该选项编号填入答题纸对应栏内，所选答案多于三项不得分）

A．销售费用　　　　　B．项目成员的工资　　　C．办公室电费

D．项目成员的差旅费　E．项目所需的物料费　　F．公司为员工缴纳的商业保险费用

答题思路总解析

从本案例提出的四个问题很容易判断出：该案例主要考查的是项目的成本管理，侧重考挣值技术。本案例后的**【问题1】**和**【问题2】**侧重考挣值计算，**【问题3】**和**【问题4】**侧重考概念判断。**（案例难度：★★★）**

【问题1】答题思路解析及参考答案

一、答题思路解析

根据"案例描述及问题"中的信息可知，该问题侧重考挣值计算。要计算成本偏差（CV）、进度偏差（SV）、成本绩效指数（CPI）和进度绩效指数（SPI），因此就需要知道公式：CV＝EV-AC，

$SV = EV-PV$，$CPI = EV/AC$，$SPI = EV/PV$。这样，就需要统计出 EV、PV 和 AC 这三个数据。根据"案例描述及问题"表格中的数据，可以统计出 EV=1000+1500+3500+800+2300+4500×80%+2200+2500×60%+4200×50%+3000×50%=20000（元），AC=1000+1600+3000+1000+2000+4000+2000+1500+2000+1600=19700（元），PV=1000+1500+3500+800+2300+4500+2200+2500+4200+3000=25500（元）。代入公式，可以计算出：CV=EV-AC=20000-19700=300 元，SV=EV-PV=20000-25500=-5500 元，CPI=EV/AC=20000/19700≈1.02，SPI=EV/PV=20000/25500≈0.78。由于 CPI>1，SPI<1，因此项目当前的绩效情况是成本节约；进度滞后。（**问题难度：★★★**）

二、参考答案

EV = 20000 元，AC = 19700 元，PV = 25500 元。

成本偏差（CV）= EV-AC=20000-19700 = 300（元）。

进度偏差（SV）= EV-PV = 20000-25500 = -5500（元）。

成本绩效指数（CPI）= EV/A C= 20000/19700≈1.02。

进度绩效指数（SPI）= EV/PV=20000/25500≈0.78。

由于 CPI>1，SPI<1，因此项目当前的绩效情况是成本节约，进度滞后。

【问题2】答题思路解析及参考答案

一、答题思路解析

根据"案例描述及问题"中的信息可知，该问题侧重考挣值计算。从问题中的描述（预期未来还会发生类似偏差）我们知道，应该采用典型偏差计算 ETC。而典型偏差情况之下，ETC = (BAC-EV)/CPI。BAC 是 30000 元，EV 是 20000 元，CPI 是 1.02，代入公式 ETC =(BAC-EV)/CPI=(30000-20000)/1.02≈9803.9（元）。（**问题难度：★★★**）

二、参考答案

ETC =(BAC-EV)/CPI =(30000-20000)/1.02≈9803.9（元）。

【问题3】答题思路解析及参考答案

一、答题思路解析

根据"案例描述及问题"中的信息可知，该问题侧重考概念判断。由于管理储备不属于成本基准，因此项目完工预算（BAC）不会变化。（**问题难度：★★★**）

二、参考答案

项目完工预算（BAC）不变。因为管理储备不包括在成本基准中，不纳入完工预算 BAC 中。

【问题4】答题思路解析及参考答案

一、答题思路解析

根据"案例描述及问题"中的信息可知，该问题侧重考概念判断。在这六项成本中，（B）项目成员的工资、（D）项目成员的差旅费和（E）项目所需的物料费属于直接成本；（A）销售费用、

（C）办公室电费和（F）公司为员工缴纳的商业保险费用属于间接成本。**（问题难度：★★★）**

二、参考答案

直接成本：B、D、E。

间接成本：A、C、F。

2019.05 试题二

【说明】阅读下列材料，请回答问题1至问题3。

案例描述及问题

项目经理根据甲方要求估算了项目的工期和成本。项目进行到20天的时候，项目经理对项目进度情况进行了评估，得到各活动实际花费成本（见下表），此时 A、B、C、D、F 已经完工，E 仅完成了1/2，G 仅完成了3/2，H 尚未开工。

工作代号	紧前工作	估算工期	赶工一天增加的成本/元	计划成本/万元	实际成本/万元
A	—	5	2100	5	3
B	A	6	1000	4	7
C	A	8	2000	7	5
D	C、B	7	1800	8	3
E	C	2	1000	2	3
F	C	2	1200	1	1
G	F	3	1300	3	1
H	D、E、G	3	1600	4	0
I	H	5	1500	5	0

【问题1】（6分）

基于以上案例，项目经理绘制了单代号网络图，请将下图补充完整。

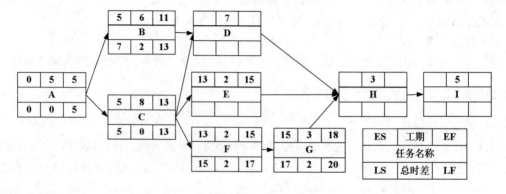

【问题 2】（5 分）

基于补充后的网络图：

（1）请指出项目的工期、关键路径和活动 E 的总时差。

（2）项目经理现在想通过赶工的方式提前一天完成项目，应该压缩哪个活动最合适？为什么？

【问题 3】（6 分）

请计算项目当前的 PV、EV、AC、CV、SV，并评价项目进度和成本绩效。

答题思路总解析

从本案例提出的三个问题很容易判断出：该案例主要考查的是项目的进度管理和项目成本管理，侧重考关键路径法、总时差和挣值技术。本案例后的**【问题 1】**、**【问题 2】**和**【问题 3】**都是以计算为主的题目，其中**【问题 1】**和**【问题 2】**需要用到关键路径法的顺推和逆推，找项目关键路径、总工期和活动总时差；**【问题 3】**需要用到挣值技术进行计算。（**案例难度：★★★**）

【问题 1】答题思路解析及参考答案

一、答题思路解析

通过使用关键路径法的顺推和逆推，即可以完成单代号网络图的补充（**问题难度：★★**）。

二、参考答案

单代号网络图补充完整后如下：

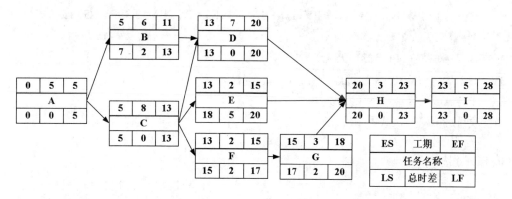

【问题 2】答题思路解析及参考答案

一、答题思路解析

根据**【问题 1】**的解析和结果可知，项目的工期为 28 天；由于关键路径是活动总时差全为"0"且历时最长的那（几）条路径，因此该项目的关键路径是 ACDHI。活动 E 的总时差是 5 天。从**【问题 1】**中补充完整的网络图可以看出，除关键路径外，其他路径的历时都没有超过 26 天，压缩一天工期之后关键路径不变，因此只需压缩关键路径上的活动即可，而关键路径上还没有完成的活动中活动 I 的赶工成本最少，因此选择压缩活动 I。（**问题难度：★★★**）

二、参考答案

（1）该项目的工期为 28 天，关键路径是 ACDHI，活动 E 的总时差为 5 天。

（2）应该压缩活动 I。理由：除关键路径外，其他路径的历时都没有超过 26 天，压缩一天工期之后关键路径不变，因此只需压缩关键路径上的活动即可，而关键路径上还没有完成的活动中活动 I 的赶工成本最少，因此选择压缩活动 I。

【问题 3】答题思路解析及参考答案

一、答题思路解析

根据【问题 1】答题思路解析中的项目进度网络图，我们知道：按计划，项目进行到第 20 天结束时，活动 A、B、C、D、E、F、G 应当已经完工，此时 $PV = PV（A）+ PV（B）+ PV（C）+ PV（D）+ PV（E）+ PV（F）+ PV（G）= 5+4+7+8+2+1+3 = 30$（万元）；而实际到第 20 天结束时，A、B、C、D、F 已经完工，E 仅完成了 1/2，G 仅完成了 2/3，因此此时 $EV = PV（A）+ PV（B）+ PV（C）+ PV（D）+ 0.5×PV（E）+ PV（F）+ 2/3×PV（G）= 5+4+7+8+0.5×2 + 1 + 2/3×3 = 28$（万元）；$AC = 3+7+5+3+3+1+1 = 23$（万元）。则 $SV = EV–PV = 28–30 = –2$（万元）；$CV = EV–AC = 28–23 = 5$（万元），因此，当前项目进度滞后，成本节约。（**问题难度：★★★**）

二、参考答案

$PV = PV（A）+ PV（B）+ PV（C）+ PV（D）+ PV（E）+ PV（F）+ PV（G）= 5+4+7+8+2+1+3 = 30$（万元）

$EV = PV（A）+ PV（B）+ PV（C）+ PV（D）+ 0.5×PV（E）+ PV（F）+ 2/3×PV（G）= 5+4+7+8+0.5×2 + 1 + 2/3×3 = 28$（万元）

$AC = 3+7+5+3+3+1+1 = 23$（万元）

$SV = EV–PV = 28–30 = –2$（万元）

$CV = EV–AC = 28–23 = 5$（万元）

当前项目进度滞后，成本节约。

2019.11 试题二

【说明】 阅读下列材料，请回答问题 1 至问题 4。

案例描述及问题

某公司中标了一个软件开发项目,项目经理根据以往的经验估算了开发过程中各项任务需要的工期及预算成本,见下表。

到第 13 天晚上,项目经理检查了项目的进度情况和经费的使用情况,发现 A、B、C 三项活动均已完工,D 任务明天可以开工,E 任务完成了一半,F 尚未开工。

任务	紧前任务	工期			PV/元	AC/元
		乐观	可能	悲观		
A	—	2	5	8	500	400
B	A	3	5	13	600	650
C	A	3	3	3	300	200
D	B、C	1	1	7	200	—
E	C	1	2	3	200	180
F	D、E	1	3	5	300	—

【问题 1】（5 分）

请采用合适的方法估算各个任务的工期，并计算项目的总工期和关键路径。

【问题 2】（3 分）

分别给出 C、D、E 三项活动的总时差。

【问题 3】（7 分）

请计算并分析该项目第 13 天晚上时的执行绩效情况。

【问题 4】（5 分）

针对项目目前的绩效情况，项目经理应该采取哪些措施？

答题思路总解析

从本案例提出的四个问题很容易判断出：该案例主要考查的是项目的进度管理和项目成本管理，侧重考三点估算法、关键路径法、总时差和挣值技术。本案例后的【问题 1】、【问题 2】和【问题 3】都是以计算为主的题目，其中【问题 1】需要用到三点估算法、关键路径法的顺推和逆推，找项目关键路径和总工期；【问题 2】需要用到计算活动总时差的公式；【问题 3】需要用到挣值技术进行计算；【问题 4】需要根据【问题 3】的结果给出改进措施。（**案例难度：★★★**）

【问题 1】答题思路解析及参考答案

一、答题思路解析

用三点估算法计算均值的公式［均值 =(最乐观 + 4×最可能 + 最悲观)/6］计算出各活动的平均工期。任务 A、B、C、D、E、F 的工期分别是 5 天[(2+4×5+8)/6]、6 天[(3+4×5+13)/6]、3 天[(3+4×3+3)/6]、2 天[(1+4×1+7)/6]、2 天[(1+4×2+3)/6]和 3 天[(1+4×3+5)/6]。然后根据"案例描述及问题"中表格中各任务之间依赖关系画出项目的进度单代号网络图，使用关键路径法进行顺推和逆推，得到如下结果：（**问题难度：★★★**）

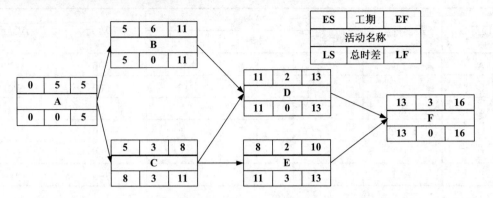

从上图可以看出，项目的总工期是 16 天，由于关键路径是任务总时差全为"0"且历时最长的那（几）条路径，因此该项目的关键路径是 ABDF。

二、参考答案

采用三点估算法估算各任务工期。

任务 A 的工期是 5 天[(2+4×5+8)/6]；任务 B 的工期是 6 天[(3+4×5+13)/6]；任务 C 的工期是 3 天[(3+4×3+3)/6]；任务 D 的工期是 2 天[(1+4×1+7)/6]；任务 E 的工期是 2 天[(1+4×2+3)/6]；任务 F 的工期是 3 天[(1+4×3+5)/6]。

项目的总工期是 16 天，关键路径是 ABDF。

【问题2】答题思路解析及参考答案

一、答题思路解析

根据【问题1】的解析和结果，采用任务总时差的计算公式计算相关活动的总时差，所以任务 C、D、E 的总时差分别是 3 天（8-5）、0 天（11-11）和 3 天（11-8）。（**问题难度：★★**）

二、参考答案

任务 C、D、E 的总时差分别是 3 天、0 天和 3 天。

【问题3】答题思路解析及参考答案

一、答题思路解析

根据【问题1】答题思路解析中的项目进度网络图，我们知道：按计划，项目进行到第 13 天结束时，按计划应该完成的任务有 A、B、C、D 和 E。因此 PV = PV（A）+ PV（B）+ PV（C）+ PV（D）+ PV（E）= 500 + 600 + 300 + 200 + 200 = 1800（元）；而实际到第 13 天结束时，A、B、C 三项活动均已完工，D 任务明天可以开工，E 任务完成了一半，F 尚未开工，因此此时 EV = PV（A）+ PV（B）+ PV（C）+ 0.5×PV（E）=500+600+300+0.5×200 = 1500（元）；AC = 400 + 650 + 200 + 180 = 1430（元）。则 SPI = EV/PV = 1500/1800 =0.83；CPI = EV/AC = 1500/1430 =1.05。因此，当前项目进度滞后，成本节约。（**问题难度：★★★**）

二、参考答案

PV=PV（A）+PV（B）+PV（C）+PV（D）+PV（E）=500+600+300+200+200=1800（元）

EV=PV（A）+PV（B）+PV（C）+0.5×PV（E）=500+600+300+0.5×200=1500（元）

AC=400+650+200+180=1430（元）

SPI=EV/PV=1500/1800=0.83

CPI=EV/AC=1500/1430=1.05

当前项目进度滞后，成本节约。

【问题4】答题思路解析及参考答案

一、答题思路解析

根据【问题3】答题思路解析，我们知道目前项目的进度滞后（因为SPI＜1）、成本节约（因为CPI＞1），要保障项目顺利进行，后续工作就需要加快进度但成本也需要得到合理控制，因此可以主要采取如下措施：①适当加班或增加资源对项目进行赶工；②用高效人员替换低效人员；③改进工作技术和方法，提高工作效率；④通过培训和激励提高人员的工作效率；⑤在确保风险可控的前提下对某些工作进行并行施工；⑥加强质量管理，减少出错、及时发现并处理问题，减少返工，从而缩短工期。（**问题难度：★★★**）

二、参考答案

针对项目目前的绩效情况，项目经理可以采取如下措施：

（1）适当加班或增加资源对项目进行赶工。

（2）用高效人员替换低效人员。

（3）改进工作技术和方法，提高工作效率。

（4）通过培训和激励提高人员的工作效率。

（5）在确保风险可控的前提下对某些工作进行并行施工。

（6）加强质量管理，减少出错、及时发现并处理问题，减少返工，从而缩短工期。

2020.11 试题二

【说明】阅读下列材料，请回答问题1至问题4。

案例描述及问题

以下是某项目的挣值图，图中 A、B、C、D 对应的数值分别是 600，570，500，450。

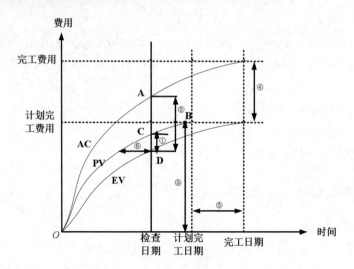

【问题1】（6分）

结合案例，请将图中的编号①～⑥填写在答题纸的对应栏内。

目前项目拖延工期	
项目整体拖延工期	
进度绩效	
成本绩效	
项目成本超支	
计划完工成本	

【问题2】（6分）

结合案例，请计算项目在检查日期时的成本偏差（CV）和进度偏差（SV）。

并判断当时的执行绩效。

【问题3】（4分）

结合案例，针对【问题2】的分析结果，项目经理应该采取哪些措施？

【问题4】（4分）

结合案例，如果项目在检查日期时的偏差是典型偏差，请计算项目的完工估算成本（EAC）。

答题思路总解析

从本案例提出的四个问题很容易判断出：该案例主要考查的是项目的成本管理，侧重考挣值技术。本案例后的【问题1】是概念辨析题，【问题2】考的是成本偏差和进度偏差的计算，【问题3】需要根据项目的绩效情况提出改进措施，【问题4】考的是典型偏差下完工估算成本（EAC）的计算。（案例难度：★★）

【问题 1】答题思路解析及参考答案

一、答题思路解析

根据所学过的挣值技术相关指标的含义，比较容易判断出：①是进度偏差（SV），②是成本偏差（CV），③是完工预算（BAC），④是完工偏差（VAC），⑤是项目整体拖延日期，⑥是项目当前拖延日期。**（问题难度：★★）**

二、参考答案

①是进度偏差（SV），②是成本偏差（CV），③是完工预算（BAC），④是完工偏差（VAC），⑤是项目整体拖延日期，⑥是项目当前拖延日期。

目前项目拖延工期	⑥
项目整体拖延工期	⑤
进度绩效	①
成本绩效	②
项目成本超支	④
计划完工成本	③

【问题 2】答题思路解析及参考答案

一、答题思路解析

根据"案例描述及问题"的图可知，在检查日期时，项目的计划价值 PV 是 500（即 C 点的值），EV 是 450（即 D 点的值），AC 是 600（即 A 点的值）。套用公式 $SV = EV-PV = 450-500 = -50$，$CV = EV-AC = 450-600 = -150$。由于 $SV<0$，$CV<0$，所以项目的进度滞后，成本超支。**（问题难度：★★）**

二、参考答案

$SV = EV-PV = 450-500 = -50$

$CV = EV-AC = 450-600 = -150$

项目的进度滞后，成本超支。

【问题 3】答题思路解析及参考答案

一、答题思路解析

根据**【问题 2】**的结果，项目经理应该采取如下措施：①用高效人员替换低效人员，实现赶工；②改进工作技术和方法，提高工作效率，实现赶工；③通过培训和激励提高人员工作效率，实现赶工；④在确保风险可控的前提下并行施工。**（问题难度：★★）**

二、参考答案

项目经理应该采取如下措施：

（1）用高效人员替换低效人员，实现赶工。

（2）改进工作技术和方法，提高工作效率，实现赶工。

（3）通过培训和激励提高人员工作效率，实现赶工。

（4）在确保风险可控的前提下并行施工。

【问题 4】答题思路解析及参考答案

一、答题思路解析

根据"案例描述及问题"的图示，可知该项目的 BAC 是 570（即 B 点的值），套用典型偏差情况 EAC 的计算公式，EAC = AC + ETC = 600+(BAC−EV)/CPI = 600 +(570−450)/(450/600) = 600+120×600/450 = 600 + 160 = 760。（**问题难度：★★**）

二、参考答案

EAC = AC + ETC = 600+(BAC−EV)/CPI = 600 +(570−450)/(450/600) = 600+120×600/450 = 600 + 160 = 760。

2021.05 试题二

【**说明**】阅读下列材料，请回答问题 1 至问题 4。

案例描述及问题

赵工担任某软件公司的项目经理，于 2020 年 5 月底向公司提交项目报告。该项目各任务是严格的串行关系，合同金额 3.3 亿元，总预算为 3 亿元。

赵工的项目报告描述如下：5 月底财务执行状况很好，只花了 6000 万元。进度方面，已完成 A、B 任务，尽管 C 任务还没有完成，但项目团队会努力赶工，使工作重回正轨。

按照公司的要求，赵工同时提交了项目各任务实际花费的数据（见下表）。

任务	预计完成日期	预算费用/万元	实际花费/万元
A	2020 年 3 月底	1400	1500
B	2020 年 4 月底	1600	2000
C	2020 年 5 月底	3000	2500
D	2020 年 8 月底	9000	
E	2020 年 10 月底	7600	
F	2020 年 12 月底	6000	
G	2021 年 1 月底	600	
H	2021 年 2 月底	800	
合计		30000	

【问题1】（6分）

请计算出目前项目的 PV，EV，AC（采用 50/50 规则计算挣值即工作开始记作完成 50%，工作完成则记作完成 100%）。

【问题2】（8分）

（1）请计算该项目的 CV、SV、CPI、SPI。

（2）基于以上结果请判断项目当前的执行状况。

【问题3】（4分）

（1）请按照项目目前的绩效情况发展下去计算该项目的 EAC。

（2）请基于以上结果计算项目最终的盈亏情况。

【问题4】（4分）

针对项目目前的情况，项目经理应该采取哪些措施？

答题思路总解析

从本案例提出的四个问题很容易判断出：该案例主要考查的是项目的成本管理，侧重考挣值技术。本案例后的**【问题1】**、**【问题2】**和**【问题3】**都是考挣值计算，**【问题4】**需要根据项目的绩效情况给出改进措施。（**案例难度：★★**）

【问题1】答题思路解析及参考答案

一、答题思路解析

根据"案例描述及问题"的相关信息可知，在检查时间，项目的计划价值（PV）是 1400＋1600＋3000＝6000（万元）（即活动 A、B、C 的预算费用之和），EV 是 1400＋1600＋3000×50%＝4500（万元）（因为已完成 A、B 任务，C 任务还没有完成；采用 50/50 规则计算挣值即工作开始记作完成 50%，工作完成记作完成 100%），AC 是 1500＋2000＋2500＝6000（万元）。（**问题难度：★★**）

二、参考答案

PV＝1400＋1600＋3000＝6000（万元）

EV＝1400＋1600＋3000×50%＝4500（万元）

AC＝1500＋2000＋2500＝6000（万元）

【问题2】答题思路解析及参考答案

一、答题思路解析

根据**【问题1】**的解析可知，在检查日期时，项目的计划价值（PV）是 6000（万元），EV 是 4500（万元），AC 是 6000（万元）。套用公式 CV＝EV−AC＝4500−6000＝−1500（万元），SV＝EV−PV＝4500−6000＝−1500（万元），CPI＝EV/AC＝4500/6000＝0.75，SPI＝EV/PV＝4500/6000＝0.75。由于 SV<0，CV<0，所以项目的进度滞后，成本超支。（**问题难度：★★**）

二、参考答案

（1）$CV = EV-AC = 4500-6000 = -1500$（万元）

$SV = EV-PV = 4500-6000 = -1500$（万元）

$CPI = EV/AC = 4500/6000 = 0.75$

$SPI = EV/PV = 4500/6000 = 0.75$

（2）项目的进度滞后，成本超支。

【问题3】答题思路解析及参考答案

一、答题思路解析

根据"案例描述及问题"的相关信息可知，项目的BAC是30000万元，代入典型偏差情况下EAC的计算公式，$EAC=AC+ETC=6000+(BAC-EV)/CPI=6000+(30000-4500)/0.75=6000+25500/0.75=6000+34000=40000$（万元）。该项目的合同金额是3.3亿元，因此，基于以上结果计算出项目最终亏损7000万元（33000-40000）。**（问题难度：★★）**

二、参考答案

（1）$EAC=AC+ETC=6000+(BAC-EV)/CPI=6000+(30000-4500)/0.75=6000+25500/0.75=6000+34000=40000$（万元）。

（2）基于以上结果项目将最终亏损7000万元。

【问题4】答题思路解析及参考答案

一、答题思路解析

根据【问题2】的结果，项目经理应该采取如下措施：①用高效人员替换低效人员，实现赶工；②改进工作技术和方法，提高工作效率，实现赶工；③通过培训和激励提高人员工作效率，实现赶工；④在确保风险可控的前提下并行施工。**（问题难度：★★）**

二、参考答案

项目经理应该采取如下措施：

（1）用高效人员替换低效人员，实现赶工。

（2）改进工作技术和方法，提高工作效率，实现赶工。

（3）通过培训和激励提高人员工作效率，实现赶工。

（4）在确保风险可控的前提下并行施工。

2021.11 试题二

【说明】阅读下列材料，请回答问题1至问题4。

案例描述及问题

某公司拟建设一个门户平台，根据工作内容，该平台项目分为需求调研、系统实施、系统测试、数据准备（培训）、上线试运行、验收六个子任务，各子任务预算和三点估算工期如下表所示。

子任务	预算/万元	三点估算工期/周		
		最乐观	最可能	最悲观
需求调研	1.8	0.5	1	1.5
系统实施	35.2	4	7	16
系统测试	2.4	1	2	3
数据准备	2.7	1	1	1
上线试运行	3.6	2	3	10
验收	2.7	1	1	1
合计	48.4			

到第 6 周周末时，对项目进行了检查，发现需求调研已经结束，共计花费 1.8 万元，系统实施的工作完成了一半，已花费 17 万元。

【问题 1】（5 分）

（1）请采用三点估算法估算各个子任务的工期。

（2）请分别计算系统实施和系统测试两个任务的标准差。

【问题 2】（9 分）

该项目开发过程中采用瀑布模型，请评估项目到第 6 周周末时的执行绩效。

【问题 3】（4 分）

如果项目从第 7 周开始不会再发生类似的偏差，请计算此项目的完工估算（EAC）和完工偏差（VAC）。

【问题 4】（2 分）

为了提升项目的执行绩效，项目组成员提出采取并行施工的方法加快进度，请指出采取该方式的缺点。

答题思路总解析

从本案例提出的四个问题，很容易判断出：该案例主要考查的是项目进度管理和项目成本管理。本案例后的【问题 1】考的是三点估算法，【问题 2】和【问题 3】都是考挣值计算，【问题 4】考的是纯理论。（案例难度：★★）

【问题 1】答题思路解析及参考答案

一、答题思路解析

根据"案例描述及问题"的相关信息，只要正确应用三点估算法中计算均值和标准差的公式，就能轻松完成本问题的计算。三点估算均值的计算公式是：均值=(最乐观+4×最可能+最悲观)/6；

标准差的计算公式是：标准差=(最悲观-最乐观)/6。（**问题难度：★★**）

二、参考答案

（1）各个子任务的工期如下：

子任务需求调研的均值=(0.5+4×1+1.5)/6=1（周）。

子任务系统实施的均值=(4+4×7+16)/6=8（周）。

子任务系统测试的均值=(1+4×2+3)/6=2（周）。

子任务数据准备的均值=(1+4×1+1)/6=1（周）。

子任务上线试运行的均值=(2+4×3+10)/6=4（周）。

子任务验收的均值=(1+4×1+1)/6=1（周）。

（2）系统实施和系统测试两个任务的标准差如下：

子任务系统实施的标准差=(16-4)/6=2（周）。

子任务系统测试的标准差=(3-1)/6≈0.33（周）。

【问题2】答题思路解析及参考答案

一、答题思路解析

根据【问题2】中给出的信息：该项目开发过程中采用瀑布模型，我们知道，需求调研、系统实施、系统测试、数据准备、上线试运行、验收这六个子任务之间是完成到开始的依赖关系，从"案例描述及问题"的信息得知：到第6周周末时，对项目进行了检查，发现需求调研已经结束，共计花费1.8万元，系统实施的工作完成了一半，已花费17万元，说明到第6周周末时，除需求调研工作已完成、系统实施工作完成一半外，其他工作都没有开展。根据"案例描述及问题"表格中各子任务的预算以及【问题1】的答案知道，前6周计划应该做的工作是第1周做需求调研工作，后5周做系统实施工作。因此，前6周的计划价值（PV）= 1.8 + 35.2×5/8 = 23.8（万元）；前6周的挣值（EV）= 1.8 + 35.2/2 = 19.4（万元）；前6周的实际成本（AC）= 1.8 + 17 = 18.8（万元）；SV = EV-PV = 19.4-23.8 = -4.4（万元）；CV = EV-AC = 19.4-18.8 = 0.6（万元）。SV<0，CV>0，所以项目进度滞后，成本节约。（**问题难度：★★**）

二、参考答案

前6周的计划价值（PV）= 1.8 + 35.2×5/8 = 23.8（万元）；前6周的挣值（EV）= 1.8 + 35.2/2 = 19.4（万元）；前6周的实际成本（AC）= 1.8 + 17 = 18.8（万元）；SV = EV-PV = 19.4-23.8 = -4.4（万元）；CV = EV-AC = 19.4-18.8 = 0.6（万元）。

SV<0，CV>0，所以项目进度滞后，成本节约。

【问题3】答题思路解析及参考答案

一、答题思路解析

根据【问题3】的描述：如果项目从第7周开始不会再发生类似的偏差，说明需要按非典型偏差来计算待完工估算（ETC）。ETC = BAC-EV = 48.4-19.4 = 29（万元），EAC = AC + ETC = 18.8 + 29 = 47.8（万元），VAC = BAC-EAC = 48.4-47.8 = 0.6（万元）。（**问题难度：★★**）

二、参考答案

ETC = BAC-EV = 48.4-19.4 = 29（万元），EAC = AC + ETC = 18.8 + 47.8 = 47.8（万元），VAC = BAC-EAC = 48.4-47.8 = 0.6（万元）。

【问题 4】答题思路解析及参考答案

一、答题思路解析

根据"答题思路总解析"中的阐述可知，该问题是一个纯理论性质的问题。（**问题难度：★★**）

二、参考答案

采取并行施工的方法加快进度的缺点有：

（1）可能造成返工。

（2）风险增加。

2022.05（全国）试题二

【说明】阅读下列材料，请回答问题 1 至问题 4。

案例描述及问题

某项目共有 9 个活动（A～I），总预算 BAC 为 102 万元。该项目活动关系、工期和截止到第 4 周周末的相关项目数据如下表所示：

活动编号	紧前活动	活动工期/周	PV/万元	EV/万元	AC/万元
A	—	3	6	6	4
B	—	2	5	5	4
C	—	4	10	7	6
D	A	7	5	2	3
E	B	2	4	3	3
F	B	6	4	8	10
G	C	8	0	0	0
H	D、E	8	0	0	0
I	F、G	7	0	0	0

【问题1】（7分）

结合案例：

（1）请绘制项目的双代号网络图。

（2）请确定项目的关键路径及工期。

【问题2】（4分）

请计算活动E的自由浮动时间和总浮动时间。

【问题3】（6分）

请判断项目在第4周周末时的进度与成本绩效，并说明原因。

【问题4】（2分）

项目经理认为目前项目出现进度的问题是暂时情况，后期项目会重新回到正轨，请帮助项目经理重新估算项目的总成本。

<u>答题思路总解析</u>

从本案例提出的四个问题，我们很容易判断出：该案例主要考查的是项目进度管理和项目成本管理。本案例后的**【问题1】**的第（1）小问考的是双代号网络图，**【问题1】**的第（2）小问和**【问题2】**考的是关键路径法，**【问题3】**和**【问题4】**考的是挣值计算。（**案例难度：★★★**）

【问题1】答题思路解析及参考答案

一、答题思路解析

根据"案例描述及问题"表格中的活动和活动之间的依赖关系，我们很容易画出项目的双代号网络图，如下：

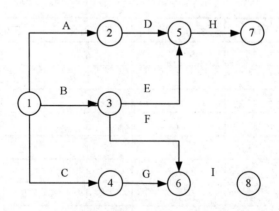

然后根据"案例描述及问题"中表格中各任务之间的依赖关系画出项目进度单代号网络图，使用关键路径法进行顺推和逆推，得到如下结果：

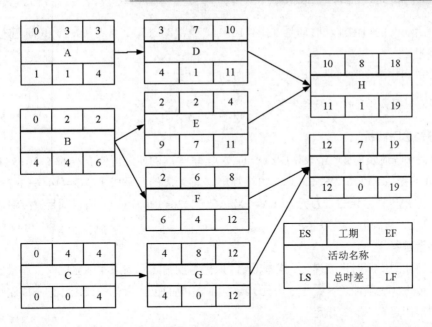

从上图可以看出，项目的总工期是 19 周，由于关键路径是任务总时差全为"0"且历时最长的那（几）条路径，因此该项目的关键路径是 CGI，项目工期是 19 周。（**问题难度：★★★**）

二、参考答案

（1）项目的双代号网络图：

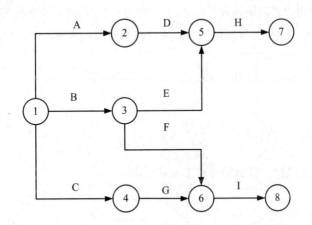

（2）项目的关键路径是 CGI，项目工期是 19 周。

【问题 2】答题思路解析及参考答案

一、答题思路解析

根据【**问题 1**】答题思路解析中的单代号网络图，利用总时差和自由时差的计算公式，我们很

容易计算出活动 E 的自由浮动时间是 6 周（10-4），总浮动时间是 7 周（9-2）。**（问题难度：★★）**

二、参考答案

活动 E 的自由浮动时间是 6 周，总浮动时间是 7 周。

【问题 3】答题思路解析及参考答案

一、答题思路解析

根据"案例描述及问题"中表格中给出的数据，前 4 周的计划价值 PV= 6+5+10+5+4+4=34（万元），前 4 周的挣值 EV= 6+5+7+2+3+8=31（万元），前 4 周的实际成本 AC=4+4+6+3+3+10=30（万元），SV=EV-PV=31-34=-3（万元），CV=EV-AC=31-30=1（万元），所以项目进度滞后，成本节约。**（问题难度：★★）**

二、参考答案

项目在第 4 周周末时进度滞后、成本节约。原因是到第 4 周周末实际完成的工作量比计划应该完成的工作量少（进度偏差 SV 是-3 万元），而实际完成的工作量花的钱比计划完成这些工作量花的钱少（成本偏差 CV 是 1 万元）。

【问题 4】答题思路解析及参考答案

一、答题思路解析

根据【问题 4】中给出的信息，我们应该按照非典型偏差来计算完工估算（EAC），此时 EAC=AC+BAC-EV。根据"案例描述及问题"中的信息，我们知道该项目的 BAC 是 102 万元，所以 EAC=AC+BAC-EV=30+102-31=101（万元）。**（问题难度：★★）**

二、参考答案

重新估算后项目的总成本为 101 万元。

2022.05（广东）试题二

【说明】阅读下列材料，请回答问题 1 至问题 4。

案例描述及问题

事件 1：某项目的甘特图如图所示，项目经理预测了各活动工期缩短 1 天增加的费用（其中，A 活动完成 B、C、D 活动才能开始，B、C、D 活动均完成 E、F 才能开始，费用单位：万元，时间单位：天）。

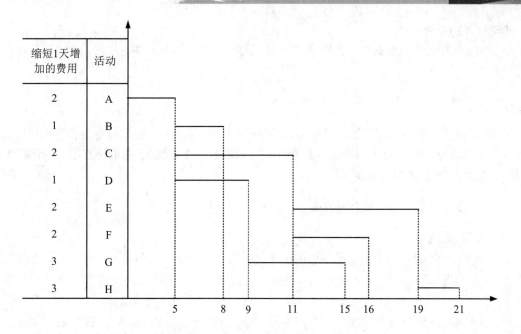

事件 2：项目到第 12 天结束时，项目经理统计了各活动完成情况，如表所示。

活动	完成百分比	12 天结束时 PV	12 天结束时 AC
A	100%	10	8
B	100%	6	6
C	100%	12	10
D	100%	8	10
E	10%	2	2
F	20%	2	4
G	40%	6	8
H	0	0	0

【问题 1】（2 分）

结合案例，确定项目的关键路径。

【问题 2】（4 分）

不考虑间接费用和人力资源，项目经理想通过赶工的方式提前 1 天并以最低成本完成项目，他应该压缩哪些活动的工期？请给出选择依据。

【问题 3】（8 分）

（1）如果活动 B 拖延 4 天，项目工期会拖延几天？请说明理由。

（2）基于（1），项目的关键路径是否发生变化？请说明理由。

【问题4】（7分）

请根据案例中的项目的表格，计算项目第 12 天结束时的成本偏差和进度偏差，并判断项目的执行绩效。

答题思路总解析

从本案例提出的四个问题，我们很容易判断出：该案例主要考查的是项目进度管理和项目成本管理。本案例后的**【问题1】**和**【问题3】**考的是关键路径法，**【问题2】**考的是赶工，**【问题4】**考的是挣值技术。**（案例难度：★★★）**

【问题1】答题思路解析及参考答案

一、答题思路解析

根据"案例描述及问题"中甘特图中的信息，我们知道活动 A 工期为 5 天（5-0），活动 B 工期为 3 天（8-3），活动 C 工期为 6 天（11-5），活动 D 工期为 4 天（9-5），活动 E 工期为 8 天（19-11），活动 F 工期为 5 天（16-11），活动 G 工期为 6 天（15-9），活动 H 工期为 2 天（21-19）；根据图中各任务之间依赖关系画出项目进度单代号网络图，使用关键路径法进行顺推和逆推，得到如下结果（为方便起见，编者在活动 B、C、D 之后加了一个历时为零的活动 O）：

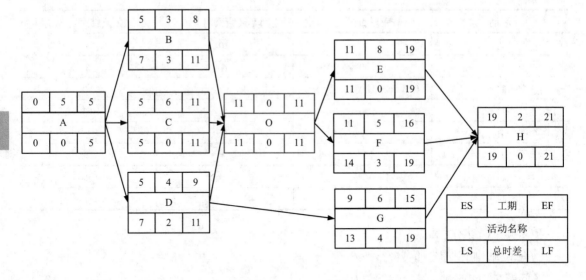

从上图可以看出，项目的总工期是 21 天，由于关键路径是任务总时差全为"0"且历时最长的那（几）条路径，因此该项目的关键路径是 ACEH。**（问题难度：★★★）**

二、参考答案

项目的关键路径是 ACEH。

【问题 2】答题思路解析及参考答案

一、答题思路解析

根据【问题 1】的解析，我们知道，只能压缩 A、C、E、H 四个活动之一；根据"案例描述及问题"甘特图中的信息，压缩 1 天，增加费用最少的是活动 A、C、E（都是增加 2 万元）。**（问题难度：★★★）**

二、参考答案

压缩 A、C、E 三个活动之一均可。因为压缩活动 A、C、E 增加的费用是最少的（都是增加 2 万元）。

【问题 3】答题思路解析及参考答案

一、答题思路解析

活动 B 拖延 4 天，即活动 B 的工期由原来的 3 天变成 7 天，根据项目进度单代号网络图，重新使用关键路径法进行顺推和逆推，得到如下结果（为方便起见，我在活动 B、C、D 之后加了一个历时为零的活动 O）：

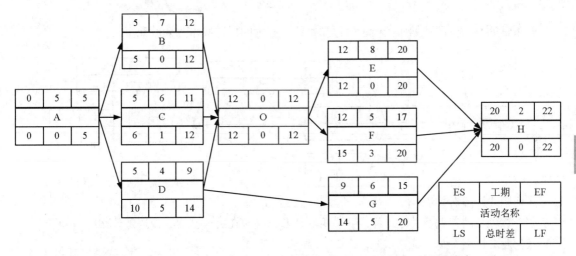

从上图可以看出，项目工期会拖延 1 周。关键路径变成了 ABEH。**（问题难度：★★）**

二、参考答案

（1）如果活动 B 拖延 4 天，项目工期会拖延 1 天，因为活动 B 有 3 天总时差。

（2）关键路径会发生变化，变成了 ABEH，因为此时活动 B 变成关键路径上的活动。

【问题 4】答题思路解析及参考答案

一、答题思路解析

根据【问题 1】的解析，我们知道，按计划到第 12 天，应该完成的活动有：A、B、C、D，活动 E 和 F 各需要完成 1 天的工作量，G 需要完成 3 天的工作量。因此 PV=10+6+12+8+2+2+6+0=46（万元）。A 活动总的 PV 是 10 万元，B 活动总的 PV 是 6 万元，C 活动总的 PV 是 12 万元，D 活动总的 PV 是 8 万元，E 活动总的 PV 是 16 万元（2×8），F 活动总的 PV 是 10 万元（2×5），G 活动总的 PV 是 12 万元（6/3×6）。根据事件 2，到第 12 天的 EV 是：$10×100\%+6×100\%+12×100\%+8×100\%+16×10\%+10×20\%+12×40\%+0=44.4$（万元）；AC= 8+6+10+10+2+4+8+0=48（万元）。（**问题难度：★★★**）

二、参考答案

CV = EV-AC=44.4-48 = -3.6（万元）

SV = EV-PV= 44.4-46 = -1.6（万元）

项目成本超支，进度滞后。

2022.11（全国）试题二

【说明】阅读下列材料，请回答问题 1 至问题 3。

案例描述及问题

某项目的网络资源计划如图所示，已知每位工程师的日均成本为 400 元每天。

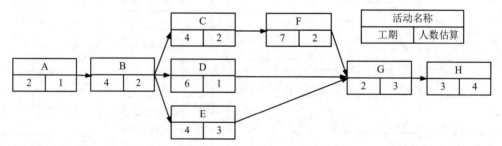

【问题 1】（5 分）

请计算项目的工期及关键路径，并说明活动 E 最晚应在哪天开始。依据是什么？

【问题 2】（8 分）

第 9 日工作结束时，项目组已完成 A、B、C 三项工作，D 工作完成了 1/3，E 工作完成了 1/2，其余工作尚未开展，此时人力资源管理部门统计总人力成本为 9800 元。

（1）请给出项目此时的挣值。

（2）计算此时项目的 SV 和 CV，并评价项目当前的进度绩效和成本绩效。

【问题 3】（9 分）

假设每位工程师均可胜任各项工作，在不影响工期的前提下。可重新安排有关活动的顺序以减少项目所需人数。此种情况下，请按照项目的网络资源计划画出项目的时标网络计划图，并判断该项目最少需要多少人。

答题思路总解析

从本案例提出的三个问题，我们很容易判断出：该案例主要考查的是项目进度管理和项目成本管理。本案例后的【**问题 1**】考的是关键路径法，【**问题 2**】考的是挣值技术，【**问题 3**】考的是资源平滑和时标网络图。（**案例难度：★★★**）

【问题 1】答题思路解析及参考答案

一、答题思路解析

根据"案例描述及问题"中给出的网络资源计划图改造出项目进度单代号网络图，使用关键路径法进行顺推和逆推，得到如下结果：

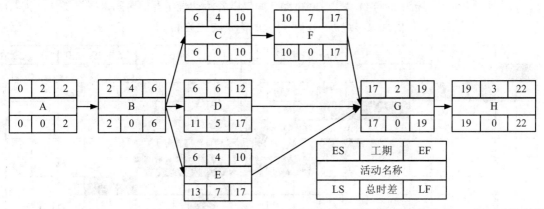

从上图可以看出，项目的总工期是 22 天，由于关键路径是任务总时差全为"0"且历时最长的那（几）条路径，因此该项目的关键路径是 ABCFGH。活动 E 最晚应在第 14 天开始；因为关键路径的长度是 22 天，G 和 H 在关键路径上，G 历时 2 天、H 历时 3 天，所以 E 最迟应该在第 17 天结束（第 18 天到第 22 天这 5 天用于做活动 G 和 H）；由于 E 活动历时 4 天，因此 E 活动最迟应该在第 14 天开始。（**问题难度：★★★**）

二、参考答案

项目的工期是 22 天，关键路径是 ABCFGH。活动 E 最晚应在第 14 天开始；因为关键路径的长度是 22 天，G 和 H 在关键路径上，G 历时 2 天、H 历时 3 天，所以 E 最迟应该在第 17 天结束（第 18 天到第 22 天这 5 天用于做活动 G 和 H）；由于 E 活动历时 4 天，因此 E 活动最迟应该在第 14 天开始。

【问题 2】答题思路解析及参考答案

一、答题思路解析

根据【问题 1】解析中的项目单代号网络图，第 9 日工作结束时，应完成的活动有 A 和 B，C、D 和 E 应该完成 3 天工作量。所计划价值（PV）=2×1×400+3×2×400+4×2×400+3×1×400+3×3×400=11200

（元）。根据问题中的描述，第 9 日工作结束时，项目组已完成 A、B、C 三项工作，D 工作完成了 1/3，E 工作完成了 1/2，其余工作尚未开展，所以挣值 EV=2×1×400+4×2×400+4×2×400+6×1×400/3+4×3×400/2=10400（元）。实际成本（AC）是 9800 元。（**问题难度：★★**）

二、参考答案

（1）项目此时的挣值 EV= 2×1×400+4×2×400+4×2×400+6×1×400/3+4×3×400/2=10400（元）。

（2）此时项目的 SV=EV-PV=10400-11200=-800（元），CV=EV-AC=10400-9800=600（元），项目进度滞后，成本节约。

【问题3】答题思路解析及参考答案

一、答题思路解析

根据【问题1】解析中的项目单代号网络图，如果以各活动最早开始时间来安排工作，我们可以得到如下进度计划甘特图（表格最后一行为每天所需要的人数）：

1	2	3	4	5	6	7	8	9	10	11	12	13	14	15	16	17	18	19	20	21	22
A1(2)																					
		B2(4)																			
						C2(4)															
							D1(6)														
						E3(4)															
											F2(7)										
															G3(2)						
																	H4(3)				
1	1	2	2	2	2	6	6	6	6	3	3	2	2	2	2	2	3	3	4	4	4

我们注意到，上表中，除关键路径 ABCFGH 上的活动不能调整外，活动 D 和 E 在它们的总时差和自由时差范围内，是可以调整执行时间段并且不会对项目总工期造成影响的。这样，我们就可以采用资源平滑技术，通过"错峰"安排工作任务，来降低在某一时间段对资源数量的需求量，活动的具体执行时间段可以如下安排：

1	2	3	4	5	6	7	8	9	10	11	12	13	14	15	16	17	18	19	20	21	22
A1(2)																					
		B2(4)																			
						C2(4)															
							D1(6)														
												E3(4)									
										F2(7)											
															G3(2)						
																	H4(3)				
1	1	2	2	2	2	3	3	3	3	3	3	5	5	5	5	2	3	3	4	4	4

这样，最高峰值需要 5 个人，即该项目最少需要 5 个人。

此种情况下，按照项目的网络资源计划画出项目的时标网络计划图如下：

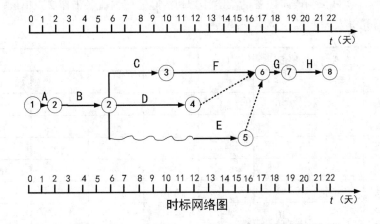

时标网络图

（问题难度：★★★）

二、参考答案

假设每位工程师均可胜任各项工作，在不影响工期的前提下，可重新安排有关活动的顺序以减少项目所需人数。此种情况下，按照项目的网络资源计划画出项目的时标网络计划图如下：

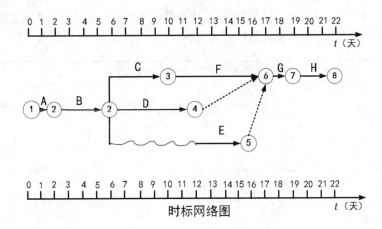

时标网络图

该项目最少需要 5 个人。

2022.11（广东）试题二

【说明】阅读下列材料，请回答问题 1 至问题 4。

案例描述及问题

下表是一个软件项目在编码阶段各活动的计划和实际完成情况（工作量，单位：人·天，假设工作量成本：1 万元每人·天）。

活动		A	B	C	D	E	F	G	H
计划工作量	第 1 周	30	—	—	—	—	—	—	—
	第 2 周	—	30	40	—	—	—	—	—
	第 3 周	—	—	—	70	40	—	—	—
	第 4 周	—	—	—	—	—	80	—	—
	第 5 周	—	—	—	—	—	—	40	—
实际工作量	第 1 周	40	—	—	—	—	—	—	70
	第 2 周	—	30	—	—	—	—	—	—
	第 3 周	—	—	50	60	30	—	—	—
	第 4 周	—	—	—	—	—	—	30	—
	第 5 周	—	—	—	—	—	100	—	80

【问题 1】（9 分）

为了实施项目的过程跟踪，项目经理制订了如下过程跟踪表，请补齐表中的数据（PV/EV/AC 值保留整数，SPI/CPI 保留 2 位小数，单位：万元）。

完成时间	第 1 周	第 2 周	第 3 周	第 4 周	第 5 周
PV	30	100	210		400
EV	30		210		400
AC	40	70			
SPI	1	0.6			1
CPI	0.75	0.86		1.04	0.95

【问题 2】（4 分）

请说明第 4 周时项目的绩效情况，并说明理由。

【问题 3】（3 分）

第 4 周时，项目经理准备采取如下措施，请指出各措施可能会带来的负面风险。

（1）快速跟进。

（2）减小活动范围或减低活动要求。

（3）改进方法或技术。

【问题 4】（5 分）

第 4 周时项目经理认为，照此情况，项目的这种偏差情况还会延续到项目的收尾阶段，项目总成本会发生变化，请计算项目总成本会超出预算多少?（结果保留整数）

答题思路总解析

从本案例提出的四个问题，我们很容易判断出：该案例主要考查的是项目进度管理和项目成本管理。本案例后的**【问题 1】**、**【问题 2】**和**【问题 4】**考的是挣值技术，**【问题 3】**考的是控制进度的方法。（**案例难度：★★★**）

【问题 1】答题思路解析及参考答案

一、答题思路解析

根据"案例描述及问题"表格中的数据，第 4 周末的 PV 是 290 万元（210+80），第 2 周末的 EV 是 60 万元（30+30）（因为 A 和 B 都完成了），第 4 周末的 EV 是 250 万元（210+40）（因为 A、B、C、D、E、G 都完成了），第 3 周末的 AC 是 210 万元（40+30+50+60+30），第 4 周末的 AC 是 240 万元（40+30+50+60+30+30），第 5 周末的 AC 是 420 万元（40+30+50+60+30+30+100+80）。因此，第 3 周末的 SPI=EV/PV=210/210=1，第 3 周末的 CPI=EV/AC=210/210=1；第 4 周末的 SPI=EV/PV=250/290≈0.86。（**问题难度：★★★**）

二、参考答案

完成时间	第 1 周	第 2 周	第 3 周	第 4 周	第 5 周
PV	30	100	210	290	400
EV	30	60	210	250	400
AC	40	70	210	240	420
SPI	1	0.6	1	0.86	1
CPI	0.75	0.86	1	1.04	0.95

【问题 2】答题思路解析及参考答案

一、答题思路解析

根据**【问题 1】**的答案，我们可以知道：第 4 周时项目进度滞后，成本节约。因为第 4 周，SPI（0.86）小于 1，CPI（1.04）大于 1。（**问题难度：★★**）

二、参考答案

第 4 周时项目进度滞后，成本节约。因为第 4 周，SPI（0.86）小于 1，CPI（1.04）大于 1。

【问题3】答题思路解析及参考答案

一、答题思路解析

根据工作经验，我们可以知道：快速跟进，可能造成返工；减小活动范围或减低活动要求，可能导致干系人不满意；改进方法或技术，可能会导致进度滞后、成本增加或出现更多质量问题。（**问题难度：★★★**）

二、参考答案

（1）快速跟进：可能造成返工。

（2）减小活动范围或减低活动要求：可能导致干系人不满意。

（3）改进方法或技术：可能会导致进度滞后、成本增加或出现更多质量问题。

【问题4】答题思路解析及参考答案

一、答题思路解析

根据【问题1】的答案，第4周时，项目的CPI是1.04。项目的这种偏差情况还会延续到项目的收尾阶段，所以是典型偏差。EAC=BAC/CPI=400/(250/240)≈384（万元）。VAC=BAC-EAC=400-384=16（万元）。（**问题难度：★★**）

二、参考答案

第4周时项目经理认为，照此情况，项目的这种偏差情况还会延续到项目的收尾阶段，项目总成本会发生变化，项目总成本会低于预算16万元。

2023.05 试题二

【说明】 阅读下列材料，请回答问题1至问题3。

案例描述及问题

某工程项目部分信息如下表所示：

活动	紧前活动	正常工作		赶工	
		时间/天	每天人工费用/元	时间/天	每天人工费用/元
A	/	10	40	6	75
B	/	8	40	8	40
C	AB	6	35	4	60
D	B	16	60	12	85
E	C	24	5	24	5
F	DE	4	10	2	25

续表

活动	紧前活动	正常工作		赶工	
		时间/天	每天人工费用/元	时间/天	每天人工费用/元
G	F	4	15	2	35
H	F	10	30	8	40
I	F	4	30	3	45
J	G	12	25	8	40
K	HIJ	16	50	12	72
L	C	8	40	6	60
M	L	24	5	24	5
N	KM	4	10	4	10

【问题 1】（5 分）

结合案例：

（1）请写出项目关键路径，并计算项目工期。

（2）如果活动 L 工期拖延 10 天，对整个工期是否有影响，请说明原因。

【问题 2】（8 分）

假设项目总成本为 100 万元，按进度计划平均分摊到项目活动中。工程执行到第 40 天结束，项目经理发现已经完成了 3/5 的工作量，花费的成本为 65 万元。请计算项目的成本绩效和进度绩效，并说明项目此时的绩效情况。

【问题 3】（7 分）

若要求该工程在 70 天内完工，为保证工程能在 70 天内完成，且人工费用最低，请按照案例表格中提供的时间和费用信息，写出哪些活动需要赶工，并计算赶工后增加的总人工费用。

答题思路总解析

从本案例提出的三个问题，我们很容易判断出：该案例主要考查的是项目进度管理和项目成本管理。本案例后的**【问题 1】**考的是关键路径法，**【问题 2】**考的是挣值技术，**【问题 3】**考的是进度压缩。（**案例难度：★★★**）

【问题 1】答题思路解析及参考答案

一、答题思路解析

根据"案例描述及问题"表格中的数据画出项目进度单代号网络图，使用关键路径法进行顺推和逆推，得到如下结果：

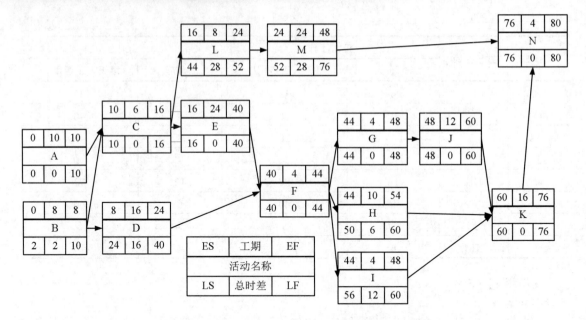

从上图可以看出，项目的总工期是 80 天，由于关键路径是任务总时差全为"0"且历时最长的那（几）条路径，因此该项目的关键路径是 ACEFGJKN。如果活动 L 工期拖延 10 天，对整个工期没有影响，因为活动 L 的总时差是 28 天，活动 L 的总时差大于 10 天。**（问题难度：★★★）**

二、参考答案

（1）项目关键路径是 ACEFGJKN，项目工期是 80 天。

（2）如果活动 L 工期拖延 10 天，对整个工期没有影响，因为活动 L 的总时差是 28 天，活动 L 的总时差大于 10 天。

【问题 2】答题思路解析及参考答案

一、答题思路解析

根据【问题 2】给出的说明："假设项目总成本为 100 万元，按进度计划平均分摊到项目活动中"，因此工程执行到第 40 天结束时的 PV 是 100×40/80=50（万元）。EV 是 100×3/5=60（万元），AC 是 65 万元。**（问题难度：★★★）**

二、参考答案

PV=100×40/80=50（万元）。

EV=100×3/5=60（万元）。

AC=65 万元。

CV=EV-AC=60-65 = -5（万元），SV=EV-PV=60-50 = 10（万元）。

项目此时的绩效情况为成本超支，进度提前。

【问题3】答题思路解析及参考答案

一、答题思路解析

首先考虑压缩关键路径。关键路径上各活动赶工每天增加费用如下：

A：(6×75 − 10×40)/(10-6)=50/4=12.5 元/天（A 可压缩 4 天）。

C：(4×60 − 6×35) /(6-4)=30/2=15 元/天（C 可压缩 2 天）。

E 不能压缩。

F：(2×25 − 4×10)/(4-2)=10/2=5 元/天（F 可压缩 2 天）。

G：(2×35 − 4×15) /(4-2)=10/2=5 元/天（G 可压缩 2 天）。

J：(8×40 − 12×25)/(12-8)=20/4=5 元/天（J 可压缩 4 天）。

K：(12×72 − 16×50)/(16-12)=64/4=16 元/天（K 可压缩 4 天）。

N 不能压缩。

根据增加成本最少的要求，我们选择压缩活动 F（F 压缩 2 天）、G（G 压缩 2 天）、J（J 压缩 4 天）和 C（C 压缩 2 天）。这样工期刚好达到了 70 天，赶工后增加的人工成本为 10+10+20+30=70 元（请注意，虽然 A 每压缩 1 天增加的费用低于 C，但不能选择压缩 A，因为 A 要么压缩 4 天、要么不压缩）。

如下图所示：

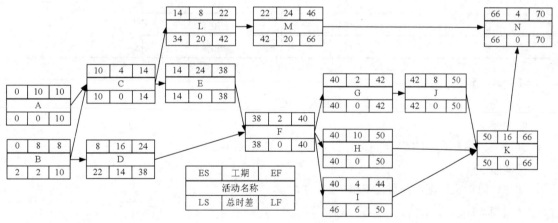

（问题难度：★★★）

二、参考答案

活动 F、G、J 和 C 需要赶工。赶工后增加的人工成本为 10+10+20+30=70 元。

2023.11（一批次）试题二

【说明】阅读下列材料，请回答问题 1 至问题 4。

案例描述及问题

某项目基本情况如下表所示：

活动	紧前活动	工期	最短工期	正常费用/元	赶工费用/（元/天）
A	—	1	1	5000	—
B	A	3	2	5000	7000
C	A	7	4	11000	1000
D	B	5	3	10000	2000
E	C	8	6	8500	2000
F	C、D	4	2	8500	4000
G	E、F	1	1	5000	—

例如：C 活动工期 7 天压缩成 5 天，C 的费用是 11000+1000×(7-5)元。

活动	计划活动百分比	完成百分比	实际花费
A	100%	100%	
B	100%	100%	
C	100%	100%	33000 元
D	100%	90%	
E	50%	60%	

【问题1】

计算项目关键路径，项目工期，项目的 BAC。

【问题2】

计算项目第 9 天时的 SV 和 CV，并判断项目的绩效情况。

【问题3】

如果采取纠正措施，项目的 EAC 是多少？

【问题4】

结合案例，在项目计划阶段，如果项目想提前 2 天完工，请回答问题：

（1）在保证总费用最低的条件下，首先压缩哪个活动？为什么？

（2）在（1）的基础上，给出提前 2 天完工的整体压缩方案，并计算压缩后的项目总费用。

答题思路总解析

从本案例提出的四个问题，可以判断出：该案例分析主要考查的是项目进度管理和项目成本管理。【问题1】主要考的是关键路径法，【问题2】和【问题3】考的是挣值技术，【问题4】考的

是进度压缩。（案例难度：★★★）

【问题 1】答题思路解析及参考答案

一、答题思路解析

根据"案例描述及问题"中第一个表格中的信息，画出项目在不压缩工期的情况下的单代号网络图，使用关键路径法，采用顺推和逆推，找出各活动最早开始时间（ES）、最早结束时间（EF）、最晚开始时间（LS）和最晚结束时间（LF），如下图所示：

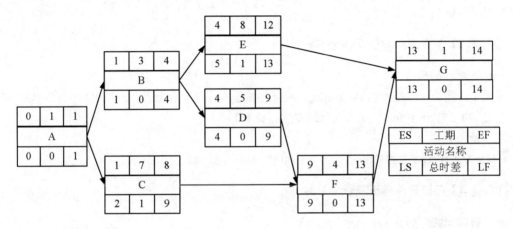

从上图，我们容易知道，该项目的关键路径是 ABDFG，工期是 14 天。项目的 BAC 就是第一个表格中第五列数据之和，BAC=5000+5000+11000+10000+8500+8500+5000=53000（元）。（问题难度：★★）

二、参考答案

项目的关键路径是 ABDFG，工期是 14 天，BAC=5000+5000+11000+10000+8500+8500+5000=53000（元）。

【问题 2】答题思路解析及参考答案

一、答题思路解析

根据"案例描述及问题"中第二个表格中的信息，结合【问题 1】"答题思路解析"中的单代号网络图，我们知道，"案例描述及问题"中第二个表格中的信息是第 9 天结束时的工作计划和实际工作情况的数据。根据"案例描述及问题"中第二个表格中的信息，我们可以计算出第 9 天结束时项目的 PV=5000+5000+11000+10000+8500×50%=35250（元），EV=5000+5000+11000+10000×90%+8500×60%=35100（元），AC=33000（元）。SV=EV−PV=35100−35250=−150（元），CV=EV−AC=35100−33000=2100（元）。因为 SV 小于零，所以进度滞后；CV 大于零，所以成本节约。（问题难度：★★★）

二、参考答案

项目的关键路径是 ABDFG，工期是 14 天。

PV= 5000+5000+11000+10000+8500×50%=35250（元）。

EV=5000+5000+11000+10000×90%+8500×60%=35100（元）。

AC=33000（元）。

SV=EV−PV=35100−35250=−150（元）。

CV=EV−AC=35100−33000=2100（元）。

项目进度滞后，成本节约。

【问题3】答题思路解析及参考答案

一、答题思路解析

根据【问题3】中的描述，我们知道，应该是按非典型偏差来计算 EAC，EAC=AC+BAC−EV=33000+53000−35100=50900（元）。（**问题难度：★★**）

二、参考答案

EAC=AC+BAC−EV=33000+53000−35100=50900（元）。

【问题4】答题思路解析及参考答案

一、答题思路解析

根据【问题1】的答案，我们知道项目的工期是 14 天，项目想提前 2 天完工，即工期需要压缩到 12 天。要保证总费用最低，结合【问题1】"答题思路解析"中的项目进度单代号网络图，我们知道，应该先压缩关键路径上的活动。项目的关键路径是 ABDFG，ABDFG 这五个活动中，A 和 G 不能压缩，B、D 和 F 中，压缩活动 D 增加的成本最少，所以我们先把 D 压缩 2 天，新的项目进度单代号网络图如下：

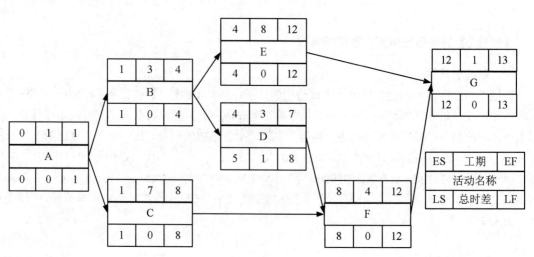

从上图我们可以看出，项目工期变成了 13 天，关键路径有两条：ABEG 和 ACFG。因此，我们需要继续压缩。由于 A 和 G 不能压缩，所以我们只能选择压缩 B 或 E 以及 C 或 F；B 和 E 中，压缩 E 增加的成本最少；C 和 F 中，压缩 C 增加的成本最少。因此，我们选择把 E 和 C 各压缩 1 天，新的项目进度单代号网络图如下：

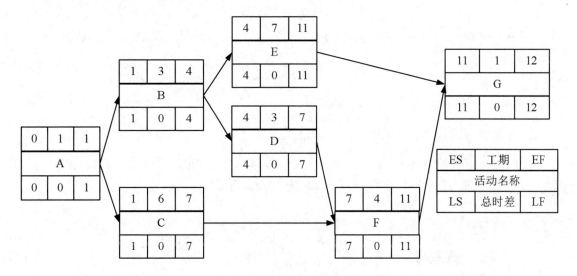

从上图可以看出已经满足了工期压缩要求，此时项目总费用=53000+4000+2000+1000=60000（元）（其中 53000 是压缩前的费用，4000 是压缩 D 活动 2 天增加的费用，2000 是压缩 E 活动 1 天增加的费用，1000 是压缩 C 活动 1 天增加的费用）。（**问题难度：★★**）

二、参考答案

（1）在保证总费用最低的条件下，首先压缩 D 活动。因为 D 活动在关键路径上，且关键路径上能压缩的活动中，压缩 D 活动每天增加的成本最少。

（2）提前 2 天完工的整体压缩方案是：D 活动压缩 2 天、E 活动和 C 活动各压缩 1 天。压缩后的项目总费用=53000+4000+2000+1000=60000（元）。

2023.11（二批次）试题二

【说明】阅读下列材料，请回答问题 1 至问题 4。

案例描述及问题

某信息系统工程项目由 ABCDEFG 七个任务构成，项目组根据不同任务的特点、人员情况等，对各项任务进行了历时估算并排序，并给出了进度计划，如下图：

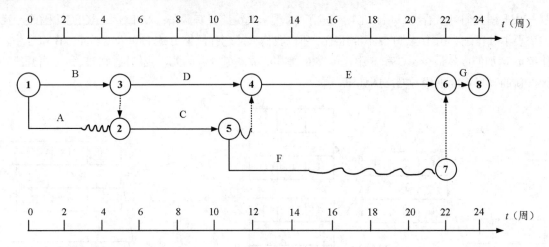

项目中各项任务的预算（方框中，单位是万元）、从财务部获取的监控点处各项目任务的实际费用（括号中单位为万元）及各项任务在监控点时的完成情况如下图：

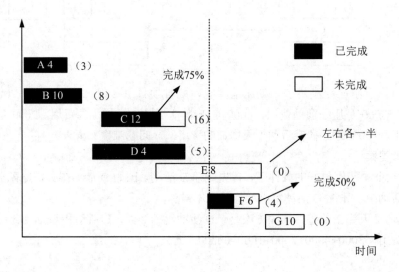

【问题 1】（10 分）

（1）请指出该项目的关键路径、工期。

（2）本例给出的进度计划图叫什么图？还有哪几种图可以表示进度计划？

（3）请计算任务 A、D 和 F 的总时差和自由时差。

（4）若任务 C 拖延 1 周，对项目的进度有无影响？为什么？

【问题 2】（7 分）

请计算监控点时刻对应的 PV、EV、AC、CV、SV、CPI 和 SPI。

【问题 3】（4 分）

请分析监控点时刻对应的项目绩效，并指出绩效改进的措施。

【问题 4】（4 分）

（1）请计算该项目的总预算。

（2）若在监控点时刻对项目进行了绩效评估后找到了影响绩效的原因并予以纠正，请预测此种情况下项目的 ETC、EAC。

答题思路总解析

从本案例提出的四个问题，可以判断出：该案例分析主要考查的是项目进度管理和项目成本管理。【问题 1】主要考的是关键路径法，【问题 2】、【问题 3】和【问题 4】考的是挣值技术，【问题 3】还需要根据【问题 2】的结果给出改进措施。（**案例难度：★★★**）

【问题 1】答题思路解析及参考答案

一、答题思路解析

"案例描述及问题"中给出的进度计划图是时标网络图。从"案例描述及问题"中给出的时标网络图，我们可以知道活动 A 历时 3 周、活动 B 历时 5 周、活动 C 历时 6 周、活动 D 历时 7 周、活动 E 历时 10 周、活动 F 历时 4 周、活动 G 历时 2 周。结合时标网络图展示的活动之间的依赖关系，画出项目单代号网络图，使用关键路径法，采用顺推和逆推，找出各活动最早开始时间（ES）、最早结束时间（EF）、最晚开始时间（LS）和最晚结束时间（LF），如下图所示：

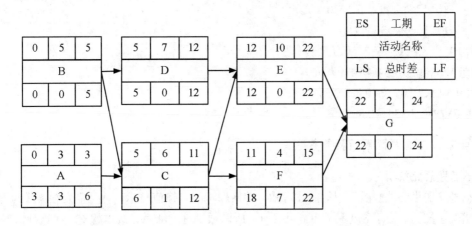

从上图，我们容易知道，该项目的关键路径是 BDEG、工期是 24 周；任务 A 的总时差和自由时差分别是 3 周（3-0）和 2 周（5-3）、任务 D 的总时差是 0 周（5-5）、自由时差是 0 周（12-12）、任务 F 的总时差是 7 周（18-11）、自由时差是 7 周（22-15）；若任务 C 拖延 1 周，对项目的进度没有影响，因为任务 C 有 1 周的总时差；另外，还有横道图、甘特图、单代号网络图、双代号网图等可以表示进度计划。（**问题难度：★★★**）

二、参考答案

（1）该项目的关键路径是 BDEG、工期是 24 周。

（2）本例给出的进度计划图叫时标网络图。还有横道图、甘特图、单代号网络图、双代号网络图等可以表示进度计划。

（3）任务 A 的总时差和自由时差分别是 3 周和 2 周；任务 D 的总时差和自由时差都是 0 周；任务 F 的总时差和自由时差分别都是 7 周。

（4）若任务 C 拖延 1 周，对项目的进度没有影响，因为任务 C 有 1 周的总时差。

【问题 2】答题思路解析及参考答案

一、答题思路解析

根据"答题思路总解析"中的阐述可知，该问题考的是挣值技术，从"案例描述及问题"中给出的监控图，监控的时间点是按计划活动 E 要完成一半，结合【问题 1】解析中单代号网络图，我们可以判断出监控时间是第 17 天结束。根据【问题 1】解析中单代号网络图我们可以知道，前 17 天计划应该完成的工作有 ABCD 4 个任务以及任务 E 的一半，因此 PV=4+10+12+4+8/2=34（万元）。实际上，前 17 天 ABD 已经完成，C 完成了 75%，F 完成了 50%，因此 EV=4+10+12×75%+4+6/2=30（万元）。AC=3+8+16+5+4=36（万元）。CV=EV-AC=30-36=-6（万元），SV=EV-PV=30-34=-4（万元）。CPI=EV/AC=30/36≈0.83，SPI=EV/PV=30/34≈0.88。**（问题难度：★★★）**

二、参考答案

PV=4+10+12+4+8/2=34（万元）。

EV=4+10+12×75%+4+6/2=30（万元）。

AC=3+8+16+5+4=36（万元）。

CV=EV- AC=30-36=-6（万元）。

SV=EV-PV=30 – 34 = -4（万元）。

CPI=EV/AC=30/36≈0.83。

SPI=EV/PV=30/34≈0.88。

【问题 3】答题思路解析及参考答案

一、答题思路解析

根据"答题思路总解析"中的阐述可知，该问题考的是挣值技术，并且需要根据【问题 2】的答案给出改进措施。由于 SPI 和 CPI 都小于 1，所以项目进度滞后、成本超支。在这种情况下，改进措施主要有：①用高效人员替换低效人员实现赶工；②改进工作技术和方法，提高工作效率，实现赶工；③通过培训和激励提高人员工作效率，实现赶工；④通过优化工作流程，提高工作效率，实现赶工（请注意：在成本超支的情况下，不宜采用加班或加资源的方式赶工，因为加班或加资源会增加成本，从而进一步恶化成本绩效指数）。**（问题难度：★★★）**

二、参考答案

由于 SPI 和 CPI 都小于 1，因此监控点时刻对应的项目绩效是项目进度滞后、成本超支。

改进措施主要有：

（1）用高效人员替换低效人员，实现赶工。

（2）改进工作技术和方法，提高工作效率，实现赶工。

（3）通过培训和激励提高人员工作效率，实现赶工。

（4）通过优化工作流程，提高工作效率，实现赶工。

【问题4】答题思路解析及参考答案

一、答题思路解析

根据"答题思路总解析"中的阐述可知，该问题考的是挣值技术，从"案例描述及问题"中给出的监控图，可计算出项目的总预算 BAC=4+10+12+4+8+6+10=54（万元）。"绩效评估后找到了影响绩效的原因并予以纠正"意味着采用非典型偏差计算 ETC 和 EAC，因此 ETC=BAC-EV=54-30=24（万元），EAC=AC+ETC=36+24=60（万元）。**（问题难度：★★★）**

二、参考答案

（1）总预算 BAC=4+10+12+4+8+6+10=54（万元）。

（2）ETC=BAC-EV=54-30=24（万元），EAC=AC+ETC=36+24=60（万元）。

2023.11（三批次）试题二

【说明】阅读下列材料，请回答问题 1 至问题 4。

案例描述及问题

某项目基本情况如下表所示：

活动	紧前活动	工期/天	PV/元	AC/元
A	—	4	600	650
B	A	8	700	500
C	A	6	400	400
D	B、C	3	300	
E	C	3	400	250
F	D	4		
G	E、F	5		

到 15 天结束时，A、B、C 已经完成，D 明天开始，E 完成了任务的一半，F 和 G 还没开始。

【问题1】（4分）

请给出项目的工期和关键路径。

【问题2】（8分）

计算第15天结束项目的绩效情况。

【问题3】（3分）

计算活动C、D的总浮动时间，活动E的自由浮动时间。

【问题4】（4分）

根据当前绩效指出需要采取的措施。

答题思路总解析

从本案例提出的四个问题，可以判断出：该案例分析主要考查的是项目进度管理和项目成本管理。【问题1】考的是关键路径法，【问题2】考的是挣值技术，【问题3】考的是总时差和自由时差，【问题4】需要根据【问题2】的答案给出改进措施。（**案例难度：★★★**）

【问题1】答题思路解析及参考答案

一、答题思路解析

画出项目进度网络图，使用关键路径法，采用顺推和逆推，找出各活动最早开始时间（ES）、最早结束时间（EF）、最晚开始时间（LS）和最晚结束时间（LF），如下图所示：

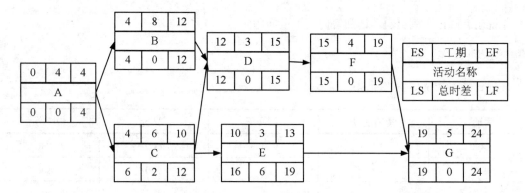

从上图我们可以知道，项目工期是24天，关键路径是ABDFG。（**问题难度：★★**）

二、参考答案

项目的工期是24天，关键路径是ABDFG。

【问题2】答题思路解析及参考答案

一、答题思路解析

根据"答题思路总解析"中的阐述可知，该问题考的是挣值技术，我们需要计算出第15天结束时项目的进度偏差和成本偏差或进度绩效指数和成本绩效指数，从而判断项目的绩效情况。根据【问题1】"答题思路解析"中的项目进度网络图，我们知道：按计划，项目执行到第15天结束应该完成的活动有 A、B、C、D、E 5 个活动，因此 PV=600+700+400+300+400=2400（元）。实际上，前 15 天 A、B、C 已经完成，D 明天开始，E 完成了任务的一半，F 和 G 还没开始，因此 EV=600+700+400+400/2=1900（元）。AC=650+500+400+250=1800（元）。SV=EV−PV=1900−2400 = −500（元），CV=1900−1800=100（元）。SV 小于零，进度滞后；CV 大于零，成本节约。（**问题难度：★★**）

二、参考答案

PV=600+700+400+300+400=2400（元）。

EV=600+700+400+400/2=1900（元）。

AC=650+500+400+250=1800（元）。

SV=EV−PV=1900 − 2400 = −500（元），CV=1900−1800=100（元）。

SV 小于零，进度滞后；CV 大于零，成本节约。

【问题 3】答题思路解析及参考答案

一、答题思路解析

根据"答题思路总解析"中的阐述可知，该问题考的是总时差和自由时差。根据【问题 1】"答题思路解析"中的项目进度网络图，利用总时差和自由时差的计算公式，我们可以计算出活动 C 的总时差是 2 天（6-4），活动 D 的总时差是 0 天（12-12），活动 E 的自由时差是 6 天（19-13）。（**问题难度：★★**）

二、参考答案

活动 C 的总时差是 2 天，活动 D 的总时差是 0 天，活动 E 的自由时差是 6 天。

【问题 4】答题思路解析及参考答案

一、答题思路解析

根据【问题 2】的答案，我们知道项目进度滞后、成本节约。要保障项目顺利进行，后续工作就需要加快进度但成本也需要得到合理控制，因此主要可以采取如下措施：①适当加班或加资源对项目进行赶工；②用高效人员替换低效人员进行赶工；③改进工作技术和方法，提高工作效率进行赶工；④通过培训和激励提高人员的工作效率进行赶工；⑤在确保风险可控的前提下对某些工作进行并行施工进行赶工；⑥加强质量管理，减少出错、及时发现并处理问题，减少返工，从而缩短工期。（**问题难度：★★★**）

二、参考答案

针对项目目前的绩效情况，项目经理可以采取如下措施：

（1）适当加班或加资源对项目进行赶工。

（2）用高效人员替换低效人员进行赶工。

（3）改进工作技术和方法，提高工作效率进行赶工。

（4）通过培训和激励提高人员的工作效率进行赶工。

（5）在确保风险可控的前提下对某些工作进行并行施工进行赶工。

（6）加强质量管理，减少出错、及时发现并处理问题，减少返工，从而缩短工期。

2023.11（四批次）试题二

【说明】阅读下列材料，请回答问题 1 至问题 3。

案例描述及问题

某项目基本情况如下表所示：

	A	B	C	D	E	F	G
紧前	—	—	B	A、C	—	E	D、F
天数	3	2	3	3	4	5	2
人数	2	3	2	5	4	3	4
预算/万元	8	7	8	10	12	12	9

项目实施到第 9 天结束时，项目已花费成本 50 万元，此时 A、B、C 均已完成，D、F 各完成 75%，G 尚未开工。

【问题 1】

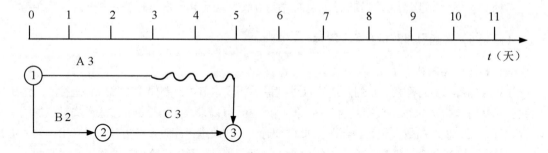

（1）根据项目信息，将时标网络图补充完整。

（2）根据时标图，写出该项目的关键路径、工期和 D 活动的总时差和自由时差。

【问题 2】

该项目最高峰时需要（　　）人，为了减少项目人数，项目经理可以采取（　　）的方法，则该项目总人数可以降为（　　）人，调整的方法是（　　）。

其中，如果要进行优化是选择什么方案？（　　）备选项：

A. 资源平衡　　　　　　　B. 资源平滑

【问题 3】

请计算 PV、EV、AC、CV、SV，并判断项目的绩效情况。

答题思路总解析

从本案例提出的三个问题，可以判断出：该案例分析主要考查的是项目进度管理和项目成本管理。【问题1】考的是时标网络图以及如何找项目的关键路径、工期和活动的总时差、自由时差，【问题2】考的是资源平滑，【问题3】考的是挣值技术。（案例难度：★★★）

【问题1】答题思路解析及参考答案

一、答题思路解析

根据"案例描述及问题"中表格中的信息，很容易补充完整项目的时标网络图，如下图所示：

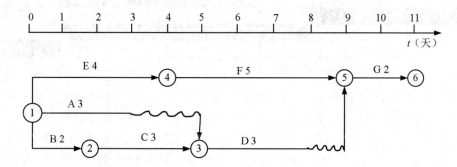

根据上面的时标网络图，我们可以知道该项目的关键路径是EFG（该路径历时最长）、工期是11天（因为时标网络图的最后一个节点对应的是第11天结束）、D活动的总时差是1天（因为节点③到节点⑤存在1天的波浪线长度，波浪线的长度就是D活动的总时差的大小）、D活动的自由时差也是1天（因为D活动只有一个紧后活动G，所以D活动自由时差就等于D活动的总时差）。（问题难度：★★★）

二、参考答案

（1）项目的时标网络图如下：

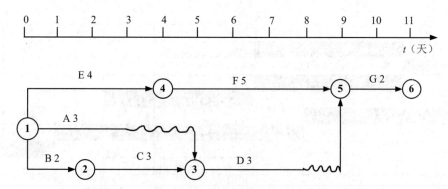

（2）该项目的关键路径是EFG、工期是11天、D活动的总时差和自由时差都是1天。

【问题2】答题思路解析及参考答案

一、答题思路解析

根据【问题1】答案中的时标网络图，如果每个活动按最早开始时间安排，则项目的计划进度甘特图如下：

1	2	3	4	5	6	7	8	9	10	11
A2（3）[①]										
B3（2）										
		C2（3）								
					D5（3）					
E4（4）										
				F3（5）						
									G4（2）	
9	9	8	6	5	8	8	8	3	4	4

如上图，如果所有活动都安排在活动最早开始时间开始，则第1天需要9人（做活动A、活动B和活动E），第2天需要9人（做活动A、活动B和活动E），第3天需要8人（做活动A、活动C和活动E），第4天需要6人（做活动C和活动E），第5天需要5人（做活动D和活动F），第6天需要8人（做活动D和活动F），第7天需要8人（做活动D和活动F），第8天需要8人（做活动D和活动F），第9天需要3人（做活动F），第10天需要4人（做活动G），第11天需要4人（做活动G）。这样，项目在第1天和第2天需要的人数最多，为9人。从上面的图表我们知道，活动E、F、G在关键路径上，因此它们的执行时间不能被调整；而活动A、活动B、活动C和活动D在非关键路径上，活动A只要能在第5天前完成、活动B只要能在第3天前完成、活动C只要能在第6天前完成、活动D只要能在第9天前完成就不会影响项目工期。因此，为了将工作人数减至最少，我们可以采用资源平滑技术对工作任务的安排进行优化，如下图表所示安排工作任务的执行时间（把活动A比原来推迟2天开始，调整安排在第3天、第4天、第5天执行，其他活动的执行时间段保持不变）：

1	2	3	4	5	6	7	8	9	10	11
		A2（3）								
B3（2）										
		C2（3）								
					D5（3）					
E4（4）										
				F3（5）						
									G4（2）	
7	7	8	8	7	8	8	8	3	4	4

---

① A2（3）表示活动A需要2人同时工作3天。表格中与此相同的表示方法依此同样理解。

这样该项目最少需要 8 人。(**问题难度：★★★**)

二、参考答案

该项目最高峰时需要（ 9 ）人，为了减少项目人数，项目经理可以采取（B. 资源平滑）的方法，则该项目总人数可以降为（ 8 ）人，调整的方法是（ 活动 A 推迟 2 天开始 ）。

【问题 3】答题思路解析及参考答案

一、答题思路解析

根据"答题思路总解析"中的描述，该问题考的是挣值技术。根据【问题 1】答案中的时标网络图，我们可以知道，前 9 天计划应该完成的活动有 A、B、C、D、E、F 6 个活动，因此 PV=8+7+8+10+12+12=57（万元）。实际上，前 9 天 A、B、C 均已完成，D、F 各完成 75%（当然 E 也完成了，否则 F 不可能开始），G 尚未开工，因此 EV=8+7+8+10×75%+12+12×75%=51.5（万元）。AC=50 万元。CV=EV-AC=51.5-50=1.5（万元），SV=EV-PV=51.5-57 = -5.5（万元）。SV 小于零，进度滞后；CV 大于零，成本节约。(**问题难度：★★★**)

二、参考答案

PV=8+7+8+10+12+12=57（万元）。

EV=8+7+8+10×75%+12+12×75%=51.5（万元）。

AC=50 万元。

CV=EV-AC=51.5-50=1.5（万元）。

SV=EV-PV=51.5-57 = -5.5（万元）。

SV 小于零，进度滞后；CV 大于零，成本节约。

2023.11（五批次）试题二

【说明】阅读下列材料，请回答问题 1 至问题 3。

案例描述及问题

某工程项目活动的基本信息如下表所示：

序号	活动名称	紧前活动	工期/月	预算/万元
1	A	-	1	20
2	B	A	2	40
3	C	A	5	30
4	D	B	1	40
5	E	C、D	1	80
6	F	E	2	30
7	G	D	4	20

续表

序号	活动名称	紧前活动	工期/月	预算/万元
8	H	F、G	3	40
9	I	F	1	30
10	J	H、I	2	40

【问题1】（5分）

结合案例，请写出项目的关键路径，并计算项目的总工期。

【问题2】（7分）

假设活动G的最乐观工期为1个月，最悲观工期为7个月，最可能工期为4个月。请计算活动G的标准差，以及活动G在5个月内完工的概率并写出原因。

【问题3】（8分）

假设预算按各活动的工期平均分配，项目执行到第9个月结束时，项目的实际已发生金额为280万元，活动A、B、C、D、E、G已经完工，活动F完成了2/3，活动H、I、J尚未开工。请计算项目的进度偏差和成本偏差，并判断项目此时的执行绩效。

答题思路总解析

从本案例提出的三个问题，可以判断出：该案例分析主要考查的是项目进度管理和项目成本管理。【问题1】考的是关键路径法，【问题2】考的是三点估算，【问题3】考的是挣值技术。（**案例难度：★★★**）

【问题1】答题思路解析及参考答案

一、答题思路解析

画出项目进度网络图，使用关键路径法，采用顺推和逆推，找出各活动最早开始时间（ES）、最早结束时间（EF）、最晚开始时间（LS）和最晚结束时间（LF），如下图所示：

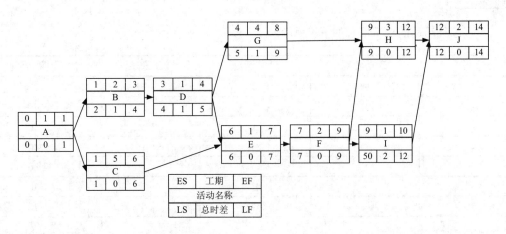

从上图，我们可以知道，项目工期是 14 个月，关键路径是 A、C、E、F、H、J。（**问题难度：★★**）

二、参考答案

项目的关键路径是 ACEFHJ，项目工期是 14 个月。

【问题 2】答题思路解析及参考答案

一、答题思路解析

要想正确解答该问题，我们只需要套三点估算计算均值和标准差的公式就可以了，G 的均值 ＝ (1+4×4+7)/6=4（月），G 的标准差=(7-1)/6=1（月）。"活动 G 在 5 个月内完工"，对应到数学中的区间，就是(-∞,5]，即(-∞,均值+标准]，概率为：50%+(68.26%/2)=84.13%。（**问题难度：★★**）

二、参考答案

活动 G 的标准差是 1 个月。活动 G 在 5 个月内完工的概率是 84.13%，因为 5 个月内，相当于 (-∞,均值+标准]这个区间，根据正态分布图，(-∞,均值+标准]这个区间的面积是 84.13%。

【问题 3】答题思路解析及参考答案

一、答题思路解析

根据"答题思路总解析"中的阐述可知，该问题考的是挣值技术。根据【问题 1】"答题思路解析"中的项目进度网络图，我们知道：按计划，项目执行到第 9 个月结束应该完成的活动有：A、B、C、D、E、F、G 共 7 个活动，因此前 9 个月的计划价值 PV=20+40+30+40+80+30+20=260（万元）。前 9 个月活动 A、B、C、D、E、G 已经完工，活动 F 完成了 2/3，活动 H、I、J 尚未开工，因此挣值 EV=20+40+30+40+80+30×2/3+20=250（万元）。AC=280 万元。因此 SV=EV-PV=250-260=-10（万元）；CV=EV-AC=250-280=-30（万元）。由于 SV 和 EV 都小于零，因此项目进度滞后，成本超支。（**问题难度：★★★**）

二、参考答案

前 9 个月的计划价值（PV）=20+40+30+40+80+30+20=260（万元）；前 9 个月挣值（EV）=20+40+30+40+80+30×2/3+20=250（万元）；前 9 个月实际成本（AC）=280（万元）。进度偏差（SV）=EV-PV=250-260=-10（万元）；成本偏差（CV）=EV-AC=250-280=-30（万元）。SV 和 CV 都小于零，因此项目进度滞后、成本超支。

2023.11（六批次）试题二

【说明】阅读下列材料，请回答问题 1 至问题 3。

案例描述及问题

任务	PV/万元	AC/万元	完成百分比
A	100	90	80%
B	70	65	100%
C	90	85	90%
D	80	75	90%
E	50	50	100%

【问题 1】（10 分）

请从进度和成本两方面评价此项目在实施半年后的执行绩效。

【问题 2】（6 分）

针对项目目前的绩效情况，项目经理宜采用什么措施？

【问题 3】（2 分）

假设项目后续不再发生成本偏差，请计算项目的 EAC。

答题思路总解析

从本案例提出的三个问题，可以判断出：该案例分析主要考查的是项目成本管理。【问题 1】要考生从进度和成本两方面评价此项目在实施半年后的执行绩效，我们可以通过计算进度偏差、成本偏差或进度绩效指数、成本绩效指数进行判断，【问题 2】需要根据【问题 1】的结果给出对应的改进措施，【问题 3】需要我们计算非典型偏差情况下的完工估算（EAC）。（**案例难度：★★**）

【问题 1】答题思路解析及参考答案

一、答题思路解析

根据"案例描述及问题"中表格内的数据信息，我们可以统计出 PV=100+70+90+80+50=390（万元），AC=90+65+85+75+50=365（万元），EV=100×0.8+70+90×0.9+80×0.9+50=353（万元）。代入公式，可以计算出 SV=EV-PV=353-390=-37（万元），CV=EV-AC=353-365=-12（万元）。（**问题难度：★★**）

二、参考答案

PV=100+70+90+80+50=390（万元）

AC=90+65+85+75+50=365（万元）

EV=100×0.8+70+90×0.9+80×0.9+50=353（万元）

SV=EV-PV=353-390=-37（万元）

CV=EV-AC=353-365=-12（万元）

由于 SV 和 CV 都小于零，所以项目进度滞后、成本超支。

【问题 2】答题思路解析及参考答案

一、答题思路解析

根据【问题 1】的答案，我们知道，该项目目前进度滞后、成本超支。在这种情况下，改进绩效的措施主要有：①用效率高的人员替换效率低的人员；②通过改进工具与技术提高工作效率来加快进度；③通过优化工作流程提高工作效率来加快进度；④通过培训和激励等手段提高人员工作效率来加快进度；⑤加强质量管理，及时发现问题，减少返工；⑥分析活动之间的关系，如可以，采取快速跟进的方法。需要注意的是：在进度滞后、成本超支的情况下，不宜采用加班赶工或增加资源的方式赶工，因为这两种方式都会进一步增加项目成本，导致成本绩效指数进一步变差。（**问题难度：★★**）

二、参考答案

针对项目目前的绩效情况，项目经理宜采用的措施有：

（1）用效率高的人员替换效率低的人员。

（2）通过改进工具与技术提高工作效率来加快进度。

（3）通过优化工作流程提高工作效率来加快进度。

（4）通过培训和激励等手段提高人员工作效率来加快进度。

（5）加强质量管理，及时发现问题，减少返工。

（6）分析活动之间的关系，如可以，采取快速跟进的方法。

【问题 3】答题思路解析及参考答案

一、答题思路解析

根据问题中的描述"假设项目后续不再发生成本偏差"，说明是按非典型偏差计算完工估算（EAC），非典型偏差下 EAC 的计算公式是：$EAC = AC + BAC - EV$。本项目的 BAC 实际上就是本项目的 PV 值。

二、参考答案

$EAC = AC + BAC - EV = 365 + 390 - 353 = 402$（万元）。

第**4**章
文字类型的案例分析题解题技巧与"百问百答"

4.1　文字类型的案例分析题的解题技巧

文字类型的案例分析题之"三找"解题法则：

（1）找问题（找案例中描述的项目存在的问题，这些问题是显性显示在案例中的，可以直接从描述案例的文字中找到。"找问题"的目的是为"找原因"和"找解决方案"服务的，案例分析题后提出的问题，一般不会出现要求考生回答"项目中存在哪些问题"这种类型的问题）。

（2）找原因（围绕案例中显性显示的问题和案例描述，根据自己所掌握的项目管理理论和实践经验，找出导致这些问题产生的原因；案例分析题后提出的问题，很多时候是需要考生回答这种类型的问题）。

（3）找解决方案（根据挖掘出的原因，找出对应的解决方案；案例分析题后提出的问题，很多时候是需要考生回答这种类型的问题）。

注："三找"法则的具体使用方法，请读者阅读本书第 5 章历年考试的真题解析。

文字类型的案例分析之五大解题要点：

（1）一定要围绕题目展开，切忌答非所问。

（2）正确揣摩和抓住出题人的意图。

（3）按书上讲的知识要点作答，不要"自编"。

（4）适当加入自己的工作经验和体会。

（5）在可能的情况下，尽可能详细，增多字数。

文字类型的案例分析之十条解题锦囊：

（1）全面阅读题干和问题描述，正确定位出题人的意图和所考查的知识领域及知识点。

（2）通过分析把握案例描述后提出几个问题间的内在联系（很多时候后面的问题往往是前面问题的答案或答案的一部分）。

（3）案例的主题方向一般可以通过分析题干后面提出的几个问题而得出，不要仅凭经验作答。

（4）案例分析在很多时候其实存在"标准答案"，答题时应该以所学理论知识为主，适当加入自己的工作经验（根据笔者的研究，理论要点应该占答题要点 60%以上的比例）。

（5）在阅读过程中重点关注题干中所描述的项目中出现的问题和做法不妥的地方，因为这些内容往往是案例分析后面所提出的问题的答案的源泉。

（6）应采用逐条叙述的形式作答。

（7）答题时注意逻辑归纳，形成清晰的逻辑线索。不要想到哪里写到哪里，这样会给阅卷老师"东一榔头、西一棒子"的感觉，从而影响得分。

（8）每个条目的描述不宜过长，一般以 20～40 字为宜（**对于要求满足一定字数的问题可根据需要适当增加字数**）。描述过于简单，容易遗漏一些关键信息，语句过长则不利于阅卷老师判断逻辑结构。

（9）做完之后适当检查，尽量把语句写通顺，用对标点符号，避免写错别字。

（10）在时间允许的情况下，尽量多写点内容，因为"多答和错答"一般不扣分，但如果符合"题意"，则可能加分。

4.2　文字类型的案例分析题"百问百答"

以下是笔者根据历年考试真题整理出来的文字类型的案例分析题"百问百答"，考生在做文字类型的案例分析题时，可以借鉴使用。

序号	题干中类似这样描述	可以这样回答
项目立项管理		
001	小张组织相关技术人员对该项目进行可行性研究，认为该项目基本可行，并形成一份初步可行性研究报告……结果……	没有进行详细的可行性研究
002	A 公司选定施工经验丰富的 B 公司中标……	应该选定评分第一的候选人为中标人
003	战略规划部依据初步的项目可行性研究报告，认为该项目符合国家政策导向，肯定要上马……	不能仅凭项目符合国家政策导向就上马，而应该综合考虑各种因素
004	战略规划部主要从国家政策导向、市场现状、成本估算这几个方面进行了粗略的调研……	可行性研究的内容不全面
005	郑工从技术角度分析认为项目可行……	不能单从技术角度分析项目是否可行,还需要综合考虑其他因素
006	产品部对软件预期能产生的经济效益和社会效益，进行了详细的分析……	可行性分析做得不够全面,还要做技术、财务、风险等方面的分析

续表

序号	题干中类似这样描述	可以这样回答
007	公司高层领导看了《可行性分析报告》后，当场拍板决定启动项目……	没有对《可行性分析报告》进行评审，直接由高层领导拍板决定启动项目
008	公司高层领导决定启动项目，要求产品部补充编制《项目建议书》……	《项目建议书》应该在进行项目可行性分析之前编制，不应该后期才补充编制
项目整合管理		
009	项目经理原来从事技术开发工作，第一次担任项目管理职务……	项目经理缺乏项目管理经验
010	该项目经理原来做集成项目，这是他第一次从事软件项目管理工作……	项目经理缺乏软件项目管理经验
011	该项目经理原来做软件项目，这是他第一次从事集成项目管理工作……	项目经理缺乏集成项目管理经验
012	项目经理小刘拟订了一份项目章程发送给所有人……	项目经理自行拟订项目章程并发给所有人不妥，项目章程应该由项目发起人发布
013	项目经理组织项目组成员，立即开始需求调研工作……	没有编制项目计划
014	项目经理编制出项目计划后安排项目组成员……	没有邀请项目组相关成员共同编制计划，项目计划可能不科学、不合理
015	项目计划编制出来后就立即开始项目执行工作……	项目计划没有经过评审
016	项目经理让采购部按项目进度计划进行采购……	项目没有制订出对应的采购管理计划
017	项目组根据客户的要求倒排了项目进度计划……	制订项目进度计划时没有考虑到项目的实际情况，计划不科学、不合理
018	三位来自 Power 公司的开发工程师未到场参加项目启动会议，后来项目经理发现这三位开发工程师还没有开始工作……	三位来自 Power 公司的开发工程师没有参与开工会议，导致他们没有配合完成被分派的项目工作
019	为了确保客户满意度，项目经理对客户提出的变更立即安排项目组成员进行处理……	没有走正规的变更控制流程
020	……认为该变更对进度没有影响，于是……	没有就变更对项目的整体影响进行评估
021	项目经理却找不到相关的变更文件……	变更没有书面化或变更文件没有存档
022	项目经理安排编程能力弱的小张担任配置管理员……	项目经理用人不当，小张可能不具备配置管理能力
023	项目经理让小张担任……并兼任……结果……	小张身兼数职，分身乏术
024	项目进行了两个月后，项目经理才发现项目进度出现了明显滞后……	项目经理对项目监控不及时、不到位

序号	题干中类似这样描述	可以这样回答
	项目配置管理	
025	项目经理兼任配置管理员……	没有配置专职的配置管理员
026	发现版本错误,把测试版本打包到发布版本中……	配置管理没做好
027	项目组成员分别提交了各自工作的最终版本进行集成……	缺乏统一的配置管理
028	项目可交付成果和产品版本越来越混乱……	版本管理没做好
029	开发版本与设计和需求的版本对应不上……	没有对文档进行同步更新
030	在交付时发现文档与代码对应不上……	配置审计工作没做或没做好
031	系统试运行时出现了问题,开发人员直接在试运行的版本上进行了代码修改……	配置权限管理有问题,开发人员不应该在试运行的版本上直接修改代码
032	小张把配置库分为了开发库和产品库……	配置库设置存在问题,缺少受控库
033	配置管理员给所有项目组成员开放了全部操作权限……	配置库权限设置不对,应该根据不同角色设置对应的权限
034	项目经理安排开发工程师将代码从开发库中提取出来刻盘后快递给客户……	不应该从开发库中提取代码发给客户,应该从受控库中提出正确的版本发布给客户
035	……连带测试用的用户数据一起刻盘后快递给客户……	不能把测试用的数据打包到发布版本中
036	在创建配置管理环境后,并经过变更申请、变更评估、变更实施后发布配置基线……	配置管理流程存在问题,变更实施后应该进行变更验证才能进行变更发布
037	项目A已封版,版本号为10.5.0……	版本号管理存在问题,封版后的版本号应该是两位,不应该是三位
038	项目经理安排研发人员紧急解决并向配置管理员提出变更申请……	先安排解决,后申请变更,变更流程不正确
039	研发人员在10.5版本上导入问题1的修改后,将版本号更新为10.6;在10.5版本上导入问题2……	应该是在新版本上修改新问题,而不是在原版上修改新问题,否则会覆盖掉已经修改好的问题
040	研发人员在10.5版本上导入问题1的修改后,将版本号更新为11.0……	版本号升级错误,非重大升级不能由10.5直接升到11.0,应该是升级到10.6
041	新版本由项目经理发布给项目组……	新版本由项目经理发布给项目组存在问题,应该由配置管理员发布
042	研发人员使用文本对比工具将代码中修改的部分进行上传整合……	没有使用有效的配置管理工具

序号	题干中类似这样描述	可以这样回答
项目范围管理		
043	项目组进行了初步需求调研后……	需求调研不到位
044	项目组根据需求调研后所编写的用户需求说明书进行设计工作……	用户需求说明书没有经过客户的签字确认
045	用户认为项目组所开发的功能不是自己所需要的……	用户需求事先没有得到客户的确认和认可
046	小王带领项目团队和产品线负责人沟通后制订详细的需求文件后开始开发……	没有进行定义范围的工作，没有形成项目范围说明书
047	小王将对应需求加入项目工作中并安排需求管理人员更新需求追踪矩阵……	没有走范围变更控制流程而直接更新了需求跟踪矩阵
048	项目经理组织大家对项目范围说明书进行了大致分解……	工作分解结构不到位
049	小张认为该功能对用户很有用且工作量小，于是直接添加了该功能……	小张不应该给项目镀金
050	用户认为该功能本应该就是项目中需要完成的……	项目组没有和用户确定好项目的范围基准
051	项目组分解的 WBS 第二层内容包括需求、设计、软件研发、测试和安装……	WBS 中没有包括项目管理工作
052	WBS 需求分支下包括初步需求、详细需求、功能设计……	功能设计不应该分解在需求下面，应该分解在设计下面
053	WBS 测试分支下包括集成测试……	测试分解得不够完整，应该还有单元测试、系统测试等
054	WBS 安装分支下包括软件安装、系统调试……	安装分解得不够完整，应该还有软件使用培训工作
055	C 公司依据 A 公司原有办公系统编写了需求说明书	C 公司只是依据 A 公司原有办公系统编写了需求说明书，没有结合实际情况编写需求说明书
056	项目经理审核需求说明书的内容后	项目经理一个人审核需求说明书不妥
项目进度管理		
057	项目经理安排大家加班加点追赶进度……	长时间加班导致员工疲劳，影响到工作效率和工作质量
058	项目经理于是采用快速跟进的方式进行进度压缩，结果返工工作明显增多……	快速跟进使用得不合理，导致质量下降

序号	题干中类似这样描述	可以这样回答
059	项目进度延误了 3 个月……	项目经理对项目进度监控不到位,没有及时发现和整改问题

项目成本管理

序号	题干中类似这样描述	可以这样回答
060	项目组采用类比估算的方法对项目成本进行了估算,后来发现……	估算方式单一,估算可能不准确
061	3 个月后,项目经理发现项目出现了 20%的成本超支……	项目经理没有及时进行项目的成本管理和控制

项目质量管理

序号	题干中类似这样描述	可以这样回答
062	项目经理安排技术员小刘兼任质量管理员……	小刘缺乏质量管理方面的能力和经验
063	质量保证工程师小刘在项目实施阶段才进入本项目……	质量保证工程师小刘没有全程参加项目质量保证工作
064	小安编制了质量管理计划……	小安一个人编制质量管理计划不妥,应该集思广益
065	小安按照项目计划编制了质量管理计划……	小安编制质量管理计划时只参照了项目计划不妥,还应该参照干系人登记册、风险登记册、需求文件等
066	张工认为此项目质量管理的关键在于系统地进行测试……	张工对质量管理的认识是错误的
067	为了赶工,项目组省掉了一些质量管理环节……	项目组没有遵循既定的质量管理标准和流程
068	张工制订了详细的测试计划用来管理项目的质量……	张工没有给项目制订一个科学、全面的质量管理计划
069	他通过向客户发送测试报告来证明项目质量是有保证的……	项目缺少必要的过程质量保证
070	小林编制了测试用例,随后直接下发给组员开展测试……	测试用例没有经过评审就直接下发给组员开展测试
071	在测试过程中,组员发现有几个小功能是测试用例里没有的……	测试用例编制得不全
072	小林来不及补充测试用例,直接安排测试人员对新增功能进行盲测……	没有及时补充测试用例
073	由于时间紧,项目经理组织人员对系统进行大致测试后……	系统测试不到位
074	测试时,发现了大量问题……	项目的规划、设计和开发工作没做好
075	类似质量问题不断出现,导致项目进度一拖再拖……	项目组采取的质量改进措施有效性差

序号	题干中类似这样描述	可以这样回答
	项目资源管理	
076	李经理明确了关键时间节点，识别出项目干系人后，开始了项目建设工作……	没有制订资源管理计划
077	公司各个部门的经理都不愿意出借业务骨干……	公司各职能部门对项目支持不够
078	小王紧急招聘了两名在校生兼职负责数据库开发工作……	新招聘的在校生可能存在能力和经验不足的情况
079	项目经理批评新成员，要求新成员向老成员学习……	项目经理没有做到一视同仁
080	奖励的承诺没有兑现……	项目经理没有履行自己的承诺
081	临时新增两名成员……	项目人力资源管理制定得不完善
082	小王紧急制订了人员招聘计划……	没有在项目初期制订人员招聘计划，而是在遇到问题时紧急制订人员招聘计划
083	项目需要使用服务器进行软件编译，但服务器一直被其他项目占用……	获取资源不到位，没有及时配置好用于软件编译的服务器
084	项目经理公开批评小张，导致小张情绪低落……	项目经理采用的批评方式不对，应该私下批评
085	刚毕业的小张由于能力不够，结果……	项目经理对小张缺乏必要的培训和辅导
086	工作中，项目组成员互相推诿……	项目组缺乏良好的工作分工
087	大家士气低落……	项目组缺乏必要的团队建设活动
088	大家对自己应得的奖励产生了不满……	项目的绩效考核办法存在问题或绩效考核办法没有得到大家的认同
089	项目经理认为大家都很努力，于是将项目奖金进行了平均分配……	项目经理没有根据项目组成员的绩效采用多劳多得的方式进行奖励分配
090	工作期间，小张和小李产生了矛盾，项目经理认为这是正常现象没有理睬……	项目经理对冲突的认识存在偏差
091	现在干的工作都是临时安排……	没有对团队成员的工作进行正式安排
092	项目经理制订了统一的绩效激励办法……	项目经理没有根据人员和岗位的不同制订有针对性的绩效激励办法
093	员工认为这些工作不在自己的KPI中……	没有对应的 KPI 指标，导致团队成员对项目不重视、投入较少
094	中途，技术骨干小张离职导致……	项目经理在团队管理方面做得不好，没有及时了解员工的思想动态
095	大家对需求文件的理解不一致……	未对团队进行相应的培训，导致大家对需求的理解不一致

第 4 章

续表

序号	题干中类似这样描述	可以这样回答
096	小王要求项目组全体人员加班赶工，引发部分员工不满……	安排加班时没有征求大家意见，没有配套的激励措施，导致大家不满
097	老张的技能无人能替代……	没有在技能上进行人才备份
098	在例会上老张与同事发生争执，项目经理默许老张的这种行为……	例会上老张与同事发生争执，项目经理处理方式不妥
099	原本该到位的服务器、交换机，采购部门迟迟没有采购到位……	获取资源存在问题，原本应该到位的服务器、交换机，采购部门迟迟没有采购到位
100	上级从该项目中抽调走了 2 名研发人员，项目研发人员空缺需要后续补充……	获取资源存在问题，人员调走后没有及时补充新资源
101	项目成员张工和王工的本月绩效评价还未提交……	团队建设和团队管理方面存在问题，没有及时提交张工和王工的绩效评价
项目沟通管理和项目干系人管理		
102	项目经理根据自己的经验制订了项目沟通管理计划……	制订沟通管理计划时没有进行充分的沟通需求调研
103	大家认为项目经理发了大量无关的信息……	没有针对不同的干系人提交不同的信息
104	他们希望小李能当面汇报……	小李缺乏对项目干系人沟通需求和沟通风格的分析，没有采用干系人所期望的方式和他们沟通
105	他们对此并不知情……	项目经理没有及时分发项目信息
106	项目经理组织大家识别出了项目的 5 个干系人……	项目干系人识别不充分
107	项目经理凭经验认为，客户需要如下信息……	项目经理没有真正搞清客户的沟通需求
108	项目经理采用每周例会的方式和大家沟通……	沟通方式过于单一
109	客户对项目状况非常不满……	项目经理与客户沟通不及时、不到位
110	小王认为居家办公更强调团队成员的个人责任，原定的技术交流、项目例会暂时取消……	居家办公期间缺乏有效的交流与沟通
111	很难协调双方公司管理层同时到场……	沟通管理计划编制得不合理
112	A 公司业务部门人员不知道有在线知识库……	沟通管理计划没有告知所有干系人
113	月度项目汇报现场会议一直未能召开……	没有按沟通管理计划进行沟通
114	项目开始建设 5 个月后，公司高层希望了解项目情况，要求李经理进行阶段性汇报……	李经理没有主动向公司高层做阶段汇报
115	按权力/利益方格，干系人被分成三类……	按权力/利益方格，干系人应该分成四类
116	B 公司管理层收到了 A 公司信息中心管理层的投诉……	干系人管理存在问题，导致客户投诉

续表

序号	题干中类似这样描述	可以这样回答
117	项目启动会后，李强整理出了项目风险单……	没有制订风险管理计划
118	针对该型项目，项目经理带领大家识别出了 5 个风险……	项目风险识别得不够充分
119	李强制订了风险应对措施……	没有邀请大家一起来制订风险应对措施
120	考虑到备件短缺的概率极小，李强并未采取措施……	项目经理缺乏良好的风险意识
121	项目组针对其中的几个重大风险制订了风险应对措施……	项目组没有针对所有风险制订应对措施
122	发生了一些原本可以避免的风险……	没有充分识别出项目的风险或风险管控不力
123	此时甲方更换了项目负责人，项目经理认为……结果导致……	项目经理没有重新识别风险
124	项目刚执行三个月，预留的进度储备就已经全部被用掉……	风险应对措施不够有效
125	结果同类风险再次发生……	项目经理和项目相关风险负责人没有确认风险应对措施的有效性
126	参照以前的项目模板，编制了一个项目风险管理计划……	仅仅只是参照了以前的项目模板编制风险管理计划，没有考虑项目的实际情况
127	项目组成员按照各自的理解对实际风险控制和应对措施进行安排……	项目组没有进行统一的风险应对和管控
128	验收一拖再拖……	（验收拖延）问题出现后，项目经理没有采取有效的措施予以解决
129	张工按照风险造成的负面影响程度从高到低对这些风险进行了优先级排序……	项目经理张工在对风险进行排序时，没有考虑风险发生的概率
130	项目经理通过……了解风险应对措施的执行情况……并宣布风险管理工作结束……	风险管理应该贯穿项目全过程，不能提前结束
131	相关风险负责人汇报了风险处理情况，项目经理对大家的工作表示满意……	项目经理没有对风险应对措施的执行结果进行验证
132	项目组按照应对措施的实施成本和难易程度对风险进行了排序……	风险排序存在问题，没有综合考虑风险发生的可能性、影响等多种因素
133	项目经理挑选了 10 项实施成本相对较低、难度相对较小的应对措施……	选择风险应对措施时存在问题，不能只挑成本低、难度小的应对措施
134	项目经理认为电力中断发生的可能性太小，没有要求工程师按照规范进行检查……	风险监控存在问题，没有督促项目组成员执行风险预防措施
135	张工凭借自身的项目管理经验，对项目可能存在的风险进行了识别……	项目经理仅凭个人的经验进行风险识别，没有让项目组成员一起参与

第 4 章

序号	题干中类似这样描述	可以这样回答
136	项目经理坚持认为大批设备上线在年初做风险识别时属于未知风险……	没有定期重新识别项目风险
项目采购管理和项目合同管理		
137	合同签得比较简单……	合同内容不完善
138	签订的合同只简单规定了项目建设内容、项目金额、付款方式和交工时间……	合同签订比较随意、合同条款不严谨、不完整
139	公司领导认为应该先签下该项目,其他问题在项目实施中再想办法解决……	没有做好签订合同之前的调查工作,合同签订过程过于草率
140	在合同执行过程中,甲乙双方就项目应该完成哪些建设内容产生了分歧……	合同中缺乏明确清晰的工作说明
141	双方在对合同条款的理解上存在巨大差异……	合同签约双方对合同条款没有达成一致理解
142	双方就如何处理该违约问题争吵不休……	合同中缺乏相应的违约处理条款
143	双方未就合同变更达成一致,陷入僵局……	缺少事先约定的合同变更流程
144	供应商 B 公司考虑是否使用法律手段来解决纠纷,但发现整个合同执行过程的备忘录和会议记录都没有……	合同执行过程中没有做好记录保存工作
项目采购管理和项目合同管理		
145	物业公司与 A 公司提前签了意向合同……	物业公司与 A 公司提前签意向合同存在问题
146	A 公司和物业公司一起准备了一份投标书……	A 公司和物业公司一起准备一份投标书有问题,属于串通投标
147	评审工作由 A 公司协助物业公司来完成。物业公司和 A 公司一起针对其他两家公司投标材料进行了评审……	评审工作存在问题,A 公司不得协助物业公司进行评审
148	计划借鉴其他两家公司方案……	计划借鉴其他两家公司方案存在问题,侵犯了他人的知识产权
149	2 个月后物业公司和 A 公司签订了合同……	2 个月后物业公司和 A 公司签订了合同存在问题,应该自中标通知书发出之日起 30 天内签订合同
150	A 公司将门禁管理系统和停车管理系统分包给另外一家专门做门禁和停车管理系统的公司来实施……	A 公司将门禁管理系统和停车管理系统分包出去存在问题,承包商不能将主体工程分包出去
151	在项目的中期验收中,甲方发现了部分采购产品存在问题……	没有对供应商所提交的产品进行严格检测
152	需要采购一批货品……	没有具体明确的采购需求

序号	题干中类似这样描述	可以这样回答
153	考虑到项目预算，项目经理小张在竞标的几个供应商里选择了报价最低的 B 公司……	货品价格不应该是选择供应商的第一因素
154	B 公司提出预付全部货款才能按时交货……	付款方式存在问题，不能预付全部款项
155	B 公司提出预付全部货款，项目经理同意了对方的要求……	预付款方案不能由项目经理自行决定，应该采用合同评审的方式确定
156	临近交货日期，B 公司提出只能按期交付 80%的货品……	没有及时跟踪和监控 B 公司的供货进展
157	产品进入现场安装时，甲方反馈货品中有大量残次品……	采购后没有进行验货
158	采购部通过查询政府采购网等多家网站，结果发现 B 公司去年存在多项失信行为记录……	没有对供应商进行认真甄选
159	部分备件在库存信息中显示有库存，但调取时却找不到……	备件管理不规范
160	当项目经理发现此类问题进行调查时，发现该供应商在不久前已经被其他公司并购……	在合同执行过程中，没有对供应商进行及时有效的监控

2018.05 试题一

【说明】阅读下列材料，请回答问题1至问题4。

案例描述及问题

某信息系统集成公司承接了一项信息系统集成项目，任命小王为项目经理。

项目之初，小王根据合同中的相关条款，在计划阶段简单地描绘了项目的大致范围，列出了项目应当完成的工作。甲方的项目经理是该公司的信息中心主任，但信息中心对其他部门的影响较弱。但是此项目涉及甲方公司的很多其他业务部门，因此在项目的实施过程中，甲方的销售部门、人力资源部门、财务部门等都直接向小王提出了很多新的要求，而且很多要求互相之间都存在一定的矛盾。

小王尝试地做了大量的解释工作，但是甲方的相关部门总是能够在合同的相关条款中找到变更的依据。小王明白是由于合同条款不明确而导致了现在的困境，但他也不知道该怎样解决当前所面临的问题。

【问题1】（8分）

在本案例中，除了因合同条款不明确导致的频繁变更外，还有哪些因素造成了小王目前的困境？

【问题2】（4分）

结合案例，列举该项目的主要干系人。

【问题3】（4分）

简要说明变更控制的主要步骤。

【问题4】（4分）

基于案例，请判断以下描述是否正确（正确的选项填写"√"，不正确的选项填写"×"）：

(1) 变更控制委员会是项目的决策机构，不是作业机构。　　　　　　　　（　　）

(2) 甲方的组织结构属于项目型。　　　　　　　　　　　　　　　　　　（　　）

(3) 需求变更申请可以由甲方多个部门分别提出。　　　　　　　　　　　（　　）

(4) 信息中心主任对项目变更的实施负主要责任。　　　　　　　　　　　（　　）

答题思路总解析

从本案例提出的四个问题可以判断出：该案例分析主要考查的是项目整合管理中的变更控制。根据"案例描述及问题"中画"___"的文字并结合项目管理经验，可以推断出造成小王目前困境的主要原因如下：①没有制订项目管理计划并得到相关干系人的签字确认；②项目范围管理没有做好，范围不明确（这两点从"项目之初，根据合同中的相关条款，小王在计划阶段简单地描绘了项目的大致范围，列出了项目应当完成的工作"可以推导出）；③甲方项目经理的影响力不够（这点从"甲方的项目经理是该公司的信息中心主任，但信息中心对其他部门的影响较弱"可以推导出）；④没有建立整体的变更控制流程，对变更也没有按变更流程处理（这点从"甲方的销售部门、人力资源部门、财务部门等都直接向小王提出了很多新的要求，而且很多要求互相之间都存在一定的矛盾"可以推导出）；⑤合同条款不明确（这点从"小王尝试地做了大量的解释工作，但是甲方的相关部门总是能够在合同的相关条款中找到变更的依据。小王明白是由于合同条款不明确而导致了现在的困境"可以推导出）（这些原因用于回答**【问题1】**）。**【问题2】**需要结合案例找干系人；**【问题3】**属于纯理论性质的问题，与本案例关系不大；**【问题4】**需要结合理论和本案例的情况来判断。

（案例难度：★★★）

【问题1】答题思路解析及参考答案

一、答题思路解析

根据"答题思路总解析"中的阐述可知，造成小王目前困境的主要原因有5点。（**问题难度：★★★**）

二、参考答案

在本案例中，除了因合同条款不明确导致的频繁变更外，还有如下因素造成了小王目前的困境：

(1) 没有制订项目管理计划并得到相关干系人的签字确认。

(2) 项目范围管理没有做好，范围不明确。

(3) 甲方项目经理的影响力不够。

(4) 没有建立整体变更控制流程，对变更也没有按变更流程处理。

【问题 2】答题思路解析及参考答案

一、答题思路解析

根据"答题思路总解析"中的阐述可知，该问题需要结合案例进行回答。根据案例中的相关描述可知，项目的主要干系人有：甲方的项目经理、甲方的销售部门、甲方的人力资源部门、财务部门。**(问题难度：★★★)**

二、参考答案

项目的主要干系人有：甲方的项目经理、甲方的销售部门、甲方的人力资源部门、财务部门。

【问题 3】答题思路解析及参考答案

一、答题思路解析

根据"答题思路总解析"中的阐述可知，该问题是一个纯理论性质的问题。可以把整体变更控制管理流程图整理为：

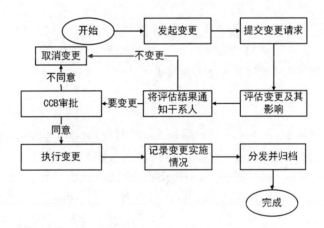

根据上图可知，变更控制的主要步骤是：①发起变更；②提出变更申请；③评估变更影响；④通知相关干系人；⑤CCB 审查批准；⑥执行变更；⑦记录变更实施情况；⑧对变更文件进行分发并归档。**(问题难度：★★★)**

二、参考答案

变更控制的主要步骤有：

（1）发起变更。

（2）提出变更申请。

（3）评估变更影响。

（4）通知相关干系人。

（5）CCB 审查批准。

（6）实施变更。

（7）记录变更实施情况。

（8）对变更文件进行分发并归档。

【问题4】答题思路解析及参考答案

一、答题思路解析

根据"答题思路总解析"中的阐述可知，该问题需要结合理论和本案例的情况来判断。①本题表述正确；甲方项目经理对其他部门的影响较弱，因此不是项目型；②表述错误；③本题表述正确；应该是乙方项目经理对项目变更的实施负主要责任，④表述错误。（**问题难度：★★★**）

二、参考答案

（1）变更控制委员会是项目的决策机构，不是作业机构。　　　　　　　　　　（√）

（2）甲方的组织结构属于项目型。　　　　　　　　　　　　　　　　　　　　（×）

（3）需求变更申请可以由甲方多个部门分别提出。　　　　　　　　　　　　　（√）

（4）信息中心主任对项目变更的实施负主要责任。　　　　　　　　　　　　　（×）

2018.05 试题三

【说明】阅读下列材料，请回答问题1至问题3。

案例描述及问题

系统集成商甲公司承接了一项信息管理系统建设的项目，甲公司任命具有多年类似项目研发经验的张工为项目经理。

张工上任后，立刻组建了项目团队，人员确定后，张工综合了工作任务、团队人员的经验和喜好，将项目组划分为了三个小组，每个小组负责一个工作任务。团队进入开发阶段，张工发现，项目管理原来没有研发编程那么简单；其中1个项目小组的重要开发人员因病请假，导致该小组任务比其他两个小组滞后2周。另外，每个小组内部工作总出现相互推诿情况，而且各小组和小组成员矛盾也接连不断，项目任务一度停滞不前。

此时，正赶上人事部推出新的项目绩效考核方案，经过对项目进度和质量方面的考评结果，项目绩效成绩较低，直接影响了每个项目团队成员的绩效奖金。项目组成员负面情绪较重，有的成员在加班劳累和无法获得绩效奖金的双重压力下准备辞职，张工得知后，与项目组成员私下进行了逐一面谈沟通。

【问题1】（8分）（为与新教程知识体系保持一致性，编者对该问题进行了修改）

结合案例，请指出本项目在资源管理方面存在的问题。

【问题2】（6分）

基于以上案例：

（1）判断当前项目团队处于哪个阶段。

（2）简述 X 理论和 Y 理论的主要观点。如果从 X 理论和 Y 理论的观点来看，项目经理张工在该阶段应该采取哪一种理论来进行团队激励？为什么？

【问题3】（4分）（为与新教程知识体系保持一致性，编者对该问题进行了修改）

以下属于人际关系与团队技能的有（   ）。

A．冲突管理	B．影响力	C．演示	D．反馈
E．谈判	F．领导力	G．非语言	H．沟通胜任力

答题思路总解析

从本案例提出的四个问题可以判断出：该案例分析主要考查的是项目人力资源管理。根据"案例描述及问题"中画"＿＿"的文字，并结合项目管理经验，可以推断出：①人员任命方面存在问题，任命的项目经理虽然研发能力强，但项目管理经验不足（这点从"甲公司任命具有多年类似项目研发经验的张工为项目经理"可以推导出）；②没有编制人力资源管理计划，直接组建项目团队（这点从"张工上任后，立刻组建了项目团队"可以推导出）；③没有制订人员储备计划，因重要开发人员请病假，导致了项目的滞后（这点从"其中1个项目小组的重要开发人员因病请假，导致该小组任务比其他两个小组滞后2周"可以推导出）；④分工不明确，导致出现相互推诿情况（这点从"每个小组内部工作总出现相互推诿情况"可以推导出）；⑤团队建设存在问题，没有进行相关团队建设活动；⑥团队管理存在问题，没有进行冲突管理，导致矛盾不断（这两点从"各小组和小组成员矛盾也接连不断"可以推导出）；⑦人员激励和绩效管理方面存在问题，没有及时对加班成员进行激励（这点从"项目组成员负面情绪较重，有的成员在加班劳累和无法获得绩效奖金的双重压力下准备辞职"可以推导出）等是本项目在资源管理方面存在的问题（用于回答**【问题1】**）。**【问题2】**需要将理论和案例相结合进行作答；**【问题3】**属于纯理论性质的问题，与本案例关系不大。（**案例难度：★★★**）

【问题1】答题思路解析及参考答案

一、答题思路解析

根据"答题思路总解析"中的阐述可知，本项目在资源管理方面存在的问题主要有7点。（**问题难度：★★★**）

二、参考答案

本项目在人力资源管理方面存在的问题主要有：

（1）人员任命方面存在问题，任命的项目经理虽然研发能力强，但项目管理经验不足。

（2）没有编制人力资源管理计划，直接组建项目团队。

（3）没有制订人员储备计划，重要开发人员因病请假，导致了项目的滞后。

（4）分工不明确，导致出现相互推诿情况。

（5）团队建设存在问题，没有进行相关团队建设活动。

（6）团队管理存在问题，没有进行冲突管理，导致矛盾不断。

（7）人员激励和绩效管理方面存在问题，没有及时对加班成员进行激励。

【问题2】答题思路解析及参考答案

一、答题思路解析

根据"答题思路总解析"中的阐述可知，该问题需要将理论与案例相结合进行回答。团队处于震荡阶段。X理论认为人天性好逸恶劳，只要有机会就可能逃避工作；人缺乏进取心、逃避责任，甘愿听从指挥，安于现状，且没有创造性。X理论的领导者认为，在领导工作中必须对员工采取强制、惩罚或解雇等手段，强迫员工努力工作，对员工应当严格监督、控制和管理。Y理论则认为人天生并不是好逸恶劳的，人们热爱工作，从工作中得到满足感和成就感，且愿意主动承担责任。项目经理张工应该采取Y理论，因为Y理论在人的需求的各个层次都起作用，对高科技工作者更应该采取以人为中心、宽容及放权的领导方式，使下属的目标和组织的目标很好地结合起来。**（问题难度：★★★）**

二、参考答案

（1）团队处于震荡阶段。

（2）X理论认为人天性好逸恶劳，只要有机会就可能逃避工作；人缺乏进取心、逃避责任，甘愿听从指挥，安于现状，且没有创造性。X理论的领导者认为，在领导工作中必须对员工采取强制、惩罚或解雇等手段，强迫员工努力工作，对员工应当严格监督、控制和管理。Y理论则认为人天生并不是好逸恶劳的，人们热爱工作，从工作中得到满足感和成就感，愿意主动承担责任。项目经理张工应该采取Y理论，因为Y理论在人的需求的各个层次都起作用，对高科技工作者更应该采取以人为中心、宽容及放权的领导方式，使下属的目标和组织的目标很好地结合起来。

【问题3】答题思路解析及参考答案

一、答题思路解析

根据"答题思路总解析"中的阐述可知，该问题是一个纯理论性质的问题。冲突管理、影响力、谈判、领导力属于人际关系与团队技能；演示、反馈、非语言、沟通胜任力属于沟通技能。**（问题难度：★★★）**

二、参考答案

以下属于人际关系与团队技能的有（A、B、E、F）。

2018.05 试题四

【说明】 阅读下列材料，请回答问题1至问题4。

案例描述及问题

某系统集成公司B承建了公司A的办公自动化系统建设项目，任命张伟担任项目经理。该项目所使用的硬件设备（服务器、存储、网络等）和基础软件（操作系统、数据库、中间件等）均从外部厂商采购，办公自动化应用软件采用公司自主研发的软件产品。采购的设备安装、部署、调试工作分别由公司硬件服务部、软件服务部、网络服务部完成。由于该项目工期紧，系统相对比较复杂，且涉的施工人员较多，张伟认为自己应投入较多精力在风险管理上。

首先，张伟凭借自身的项目管理经验，对项目可能存在的风险进行了分析，并对风险发生的可能性进行了排序。排名前三的风险是：

（1）硬件到货延迟。

（2）客户人员不配合。

（3）公司办公自动化软件可能存在较多 BUG。

针对上述三项主要风险，张伟制订了相应的应对措施，并且计划每月底对这些措施的实施情况进行回顾。

项目开始 2 个月后，张伟对项目进度进行回顾时，发现项目进度延迟，主要原因有两点：

（1）购买的数据库软件与操作系统的版本出现兼容性问题，团队成员由于技术不足无法解决，后通过协调厂商工程师得以解决，造成项目周期比计划延误一周。

（2）服务器工程师、网络工程师被自己所在的部门经理临时调走支持其他项目，造成项目周期延误一周。

客户对于项目进度的延误很不满意。

【问题 1】（4 分）
请指出张伟在项目风险管理方面做得好的地方。

【问题 2】（8 分）
张伟在项目风险管理方面还有哪些有待改进之处？

【问题 3】（4 分）
如果你是项目经理，针对本案例已发生的人员方面的风险，给出应对措施。

【问题 4】（4 分）
关于风险管理，判断下列描述是否正确（正确的选项填写"√"，错误的选项填写"×"）：

（1）按照风险的性质划分，买卖股票属于纯粹风险。   （   ）

（2）按风险产生的原因划分，核辐射、空气污染和噪声属于社会风险。 （   ）

（3）风险的性质会因时空各种因素变化而有所变化，这反映了风险的偶然性。（   ）

（4）本案例中，针对硬件到货延迟的风险，公司 B 与供应商在采购合同中需明确因到货延迟产生的经济损失由供应商承担，这属于风险的转移措施。   （   ）

答题思路总解析

从本案例提出的四个问题，可以判断出：该案例分析主要考查的是项目的风险管理。"案例描述及问题"中画"＿＿＿"的文字是该项目已经出现的**问题**：即"客户对于项目进度的延误很不满意"。根据这些问题和"案例描述及问题"中画"＿＿＿"的文字，并结合我们的项目管理经验，可以推断出：①没有制订详细的风险管理计划；②仅凭个人的经验进行风险的识别，而没有与项目组成员一起参与（这两点从"首先，张伟凭借自身的项目管理经验，对项目可能存在的风险进行了分析"可以推导出）；③风险识别不够详细，只识别出了 3 个主要风险，没有尽可能识别出所有风险；④缺乏定量风险分析（这两点从"对风险发生的可能性进行了排序。排名前三的风险是：①硬件到货延迟；②客户人员不配合；③公司办公自动化软件可能存在较多 BUG"可以推导出）；④两个月后才发现问题，说明风险监控不及时，新风险没有及时被发现；⑤风险应对措施制订得不合理，对出现的风险没有及时采取有效的应对措施，导致项目进度延误（这两点从"项目开始 2 个月后，张伟对项目进度进行回顾时，发现项目进度延迟"可以推导出）等是导致项目出现"客户对于项目进度的延误很不满意"的主要**原因**（这些原因用于回答【问题 2】）。

根据"案例描述及问题"中相关内容并结合项目管理经验，可以推断出：①项目经理张伟有较强的风险意识，认识到风险管理的重要性（这点从"张伟认为自己应投入较大精力在风险管理上"可以推导出）；②项目经理张伟进行了风险识别；③随后张伟进行了定性风险分析并对风险进行了排序（这两点从"首先，张伟凭借自身的项目管理经验，对项目可能存在的风险进行了分析，并对风险发生的可能性进行了排序"可以应推导出）；④制订了风险应对策略（这点从"针对上述三项主要风险，张伟制订了相应的应对措施"可以推导出）；⑤进行了风险控制（这点从"项目开始 2 个月后，张伟对项目进度进行回顾"可以推导出），这些都是张伟在项目风险管理方面做得好的地方，用于回答【问题 1】。【问题 3】需要结合案例进行回答。【问题 4】属于纯理论性质的问题，与本案例关系不大。**（案例难度：★★★）**

【问题 1】答题思路解析及参考答案

一、答题思路解析

根据"答题思路总解析"中的阐述可知，张伟在项目风险管理方面做得好的地方主要有 5 点。**（问题难度：★★★）**

二、参考答案

张伟在项目风险管理方面做得好的地方主要有：

（1）有较强的风险意识，认识到风险管理的重要性。

（2）进行了风险识别。

（3）进行了定性风险分析并对风险进行了排序。

（4）制订了风险应对策略。

（5）进行了风险控制。

【问题 2】答题思路解析及参考答案

一、答题思路解析

根据"答题思路总解析"中的阐述可知，张伟在项目风险管理方面需要改进的地方主要有 6 点。**（问题难度：★★★）**

二、参考答案

张伟在项目风险管理方面需要改进的地方主要有：

（1）没有制订详细的风险管理计划。

（2）仅凭个人的经验进行风险的识别，而没有与项目组成员一起参与。

（3）风险识别不够详细，只识别出了3个主要风险，没有尽可能识别出所有风险。

（4）缺乏定量风险分析。

（5）两个月后才发现问题，说明风险监控不及时，新风险没有及时被发现。

（6）风险应对措施制订得不合理，对出现的风险没有及时采取有效的应对措施，导致项目进度延误。

【问题3】答题思路解析及参考答案

一、答题思路解析

根据"答题思路总解析"中的阐述可知，该问题需要结合案例进行回答。针对本案例已发生的人员方面的风险，可以采取如下应对措施：①聘请有经验和能力的技术人员；②外包该模块；③与公司高层协调补充合适的人员；④采取加班或赶工的形式加快进度；⑤接受该风险，在别的模块中进行赶工。**（问题难度：★★★）**

二、参考答案

针对本案例已发生的人员方面的风险，可以采取如下应对措施：

（1）聘请有经验和能力的技术人员。

（2）外包该模块。

（3）与公司高层协调补充合适的人员。

（4）采取加班或赶工的形式加快进度。

（5）接受该风险，在别的模块中进行赶工。

【问题4】答题思路解析及参考答案

一、答题思路解析

根据"答题思路总解析"中的阐述可知，该问题是一个纯理论性质的问题。卖掉股票也可能赚钱，所以（1）是错误的；核辐射、空气污染和噪声属于环境风险，所以（2）是错误的；风险性质会因时空中的各种因素变化而有所变化，这反映的是风险的可变性，所以（3）是错误的；（4）是正确的。**（问题难度：★★★）**

二、参考答案

（1）按照风险性质划分，买卖股票属于纯粹风险。 （×）

（2）按风险产生的原因划分，核辐射、空气污染和噪声属于社会风险。 （×）

（3）风险性质会因时空中的各种因素变化而有所变化，这反映了风险的偶然性。 （×）

（4）本案例中，针对硬件到货延迟的风险，B 公司与供应商在采购合同中需明确因到货延迟产生的经济损失由供应商承担，这属于风险转移措施。 　　　　　　　　　（√）

2018.11 试题一

【说明】阅读下列材料，请回答问题 1 至问题 3。

案例描述及问题

A 公司承接了某信息系统工程项目，公司李总任命小王为项目经理，由公司项目管理办公室负责。

项目组接到任务后，各成员根据各自分工制订相应项目的管理子计划，小王将收集到的各子计划合并为项目管理计划并直接发布。

为了保证项目按照客户的要求尽快完成，小王基于自身的行业经验和对客户需求的初步了解后，立即安排项目团队开始实施项目。在项目实施过程中，客户不断调整需求，小王本着客户至上的原则，对客户的需求均安排项目组进行了修改，导致某些工作内容多次反复。项目进行到了后期，小王才发现项目进度严重滞后，客户对项目进度很不满意并提出了投诉。

接到客户投诉后，李总要求项目管理办公室给出说明。项目管理办公室对该项目的情况也不了解，因此组织相关人员对项目进行审查，发现了很多问题。

【问题 1】（8 分）
结合案例，请简要分析造成项目目前状况的原因。

【问题 2】（5 分）
请简述项目管理办公室的职责。

【问题 3】（5 分）（为与新教程知识体系保持一致性，编者对该问题进行了修改）
结合案例，判断下列选项的正误（填写在答纸对应栏内，正确的选项填写"√"错误的选项填写"×"）

（1）项目的整合管理包括选择资源分配方案、平衡相互竞争的目标和方案，以及协调项目管理各知识领域之间的依赖关系。 　　　　　　　　　　　　　　　（　）

（2）只有在过程之间相互交互时，才需要关注项目整合管理。 　　　　　　（　）

（3）项目的整合管理还包括开展各种活动来管理项目文件，以确保项目文件与项目管理计划及可交付成果（产品、服务或能力）的一致性。 　　　　　　　　　　　　（　）

（4）针对项目范围、进度、成本、质量、资源、沟通、风险、采购、干系人九大领域的管理，最终是为了实现项目的整合管理，实现项目目标的综合最优。 　　　　　　（　）

（5）半途而废、失败的项目只需要说明项目终止的原因，不需要进行最终产品服务或成果的移交。 　　　　　　　　　　　　　　　　　　　　　　　　　　　　（　）

答题思路总解析

从本案例提出的三个问题，可以判断出：该案例分析主要考查的是项目的整合管理。"案例描述及问题"中画"＿＿"的文字是该项目已经出现的**问题**：即"发现项目进度严重滞后，客户对项目进度很不满意并提出了投诉；发现了很多问题"。根据这些问题和"案例描述及问题"中画"＿＿"的文字并结合项目管理经验，可以推断出：①项目经理只是简单合并了各子计划，没有对各子计划进行整合；②项目管理计划没有经过评审（这两点从"项目组接到任务后，各成员根据各自分工制订相应的项目管理子计划，小王将收集到的各子计划合并为项目管理计划并直接发布"可以推导出）；③没有邀请相关干系人对需求进行详细分析，只是在对客户需求的初步了解后就开始实施（这点从"为了保证项目按照客户要求尽快完成，小王基于自身的行业经验和对客户需求的初步了解后，立即安排项目团队开始实施项目"可以推导出）；④没有按变更管理流程处理变更（这点从"在项目实施过程中，客户不断调整需求，小王本着客户至上的原则，对客户的需求均安排项目组进行了修改，导致某些工作内容多次反复"可以推导出）；⑤没有及时地监控项目进度，导致进度严重滞后（这点从"项目进行到了后期，小王才发现项目进度严重滞后"可以推导出）；⑥没有与客户进行及时有效的沟通，导致客户对项目很不满意并投诉，并且没有将相关项目绩效数据发送给项目管理办公室（这点从"客户对项目进度很不满意并提出了投诉"和"项目管理办公室对该项目情况也不了解"可以推导出）；⑦公司（项目管理办公室）缺乏对项目的指导和监控（这点从"项目管理办公室对该项目的情况也不了解"可以推导出）等是导致项目出现"发现项目进度严重滞后，客户对项目进度很不满意并提出了投诉；发现了很多问题"的主要**原因**（这些原因用于回答【问题 1】）。【**问题 2**】和【**问题 3**】属于纯理论性质的问题，与本案例关系不大。（**案例难度：★★★**）

【问题 1】答题思路解析及参考答案

一、答题思路解析

根据"答题思路总解析"中的阐述可知，造成项目目前状况的原因主要有 7 点。（**问题难度：★★★**）

二、参考答案

造成项目目前状况的原因有：

（1）项目经理只是简单合并了各子计划，没有对各子计划进行整合。

（2）项目管理计划没有经过评审。

（3）没有与各干系人对需求进行详细分析，只是在对客户需求的初步了解后就开始实施。

（4）没有按变更管理流程处理变更。

（5）没有及时监控项目进度，导致进度严重滞后。

（6）没有与客户进行及时有效的沟通，导致客户对项目很不满意并投诉，并且没有将相关项目绩效数据发送给项目管理办公室。

（7）公司（项目管理办公室）缺乏对项目的指导和监控。

【问题 2】答题思路解析及参考答案

一、答题思路解析

根据"答题思路总解析"中的阐述可知，该问题是一个纯理论性质的问题。我们从项目管理办公室（Project Management Office，PMO）的职责中选择 5 点答就可以了。**（问题难度：★★★）**

二、参考答案

项目管理办公室的职责：

（1）建立组织内项目管理的支撑环境、流程和体系。

（2）培养项目管理人员。

（3）提供项目管理的指导和咨询。

（4）对组织内的项目进行指导和监控。

（5）提高组织项目管理能力。

【问题 3】答题思路解析及参考答案

一、答题思路解析

根据"答题思路总解析"中的阐述可知，该问题是一个纯理论性质的问题。（1）正确，考查的是项目整合管理的定义；（2）错误，任何时候都需要关注项目的整合管理；（3）正确，考查的是项目整合管理的作用；（4）正确；（5）错误，任何项目都需要进行最终产品服务或成果的移交。**（问题难度：★★★）**

二、参考答案

（1）项目的整合管理包括选择资源分配方案、平衡相互竞争的目标和方案，以及协调项目管理各知识领域之间的依赖关系。 　　　　　　　　　　　　　　　　　　　　　（√）

（2）只有在过程之间相互交互时，才需要关注项目整合管理。 　　　　　　　　（×）

（3）项目的整合管理还包括开展各种活动来管理项目文件，以确保项目文件与项目管理计划及可交付成果（产品、服务或能力）的一致性。 　　　　　　　　　　　　　　　（√）

（4）针对项目范围、进度、成本、质量、资源、沟通、风险、采购、干系人九大领域的管理，最终是为了实现项目的整合管理，实现项目目标的综合最优。 　　　　　　　　　（√）

（5）半途而废、失败的项目只需要说明项目终止的原因，不需要进行最终产品服务或成果的移交。 　　　　　　　　　　　　　　　　　　　　　　　　　　　　　　　　（×）

2018.11 试题二

【说明】阅读下列材料，请回答问题 1 至问题 3。

案例描述及问题

某大型央企 A 公司计划开展云数据中心建设项目，并将公司主要的业务和应用逐步迁移到云平台上，由于项目金额巨大，A 公司决定委托当地某知名招标代理机构，通过公开招标的方式选择系统集成商。

6 月 20 日，招标代理机构在网站上发布了该项目的招标公告，招标公告要求投标人必须在 6 月 30 日上午 10:00 前提交投标文件，地点为黄河大厦 5 层第一会议室。

6 月 28 日，B 公司向招标代理机构发送了书面通知，称之前提交的投标材料有问题，希望用重新制作的投标文件替换原有投标文件，招标代理机构拒绝了该投标人的要求。

6 月 30 日上午 9:30，5 家公司提交了投标材料。此时，招标代理机构接到 C 公司的电话，对方称由于堵车原因，可能会迟到，希望开标时间能推迟半小时，招标代理机构与已递交材料的 5 家公司代表沟通后，大家一致同意将开标时间推迟到上午 10:30。

6 月 30 日上午 10:30，C 公司到场提交投标材料后，开标工作开始。评标委员会对投标文件进行了评审和比较，向 A 公司推荐了中标候选的 D 公司和 E 公司。经过慎重考虑，A 公司最终决定 D 公司中标。

7 月 10 日，A 公司公布中标结果，并向 D 公司发出了中标通知书。7 月 11 日，B 公司向招标代理机构询问中标结果，招标代理机构以保密为由拒绝告知。

8 月 20 日，A 公司与 D 公司签署了商务合同，并要求 D 公司尽快组织人员启动项目并开始施工。

8 月 22 日，D 公司的项目团队正式进场。A 公司发现 D 公司将项目的某重要工作分包给了另一家公司。通过查阅商务合同以及 D 公司投标文件发现，D 公司未在这两份文件中提及任何分包的事宜。

【问题 1】（12 分）

结合以上案例，请指出以上招投标及项目实施过程中存在的问题。

【问题 2】（3 分）（为与新教程知识体系保持一致性，编者对该问题进行了修改）

招标文件为实施采购、控制采购和结束项目或阶段等过程提供了依据。请列举常见的招标文件。

【问题 3】（2 分）

从候选答案中选择一个正确选项，将该选项编号填入答题纸对应栏内。

（1）卖方应当 100% 承担成本超支的风险。　　　　　　　　　　　　（　　）

（2）允许根据条件变化（如通货膨胀、某些特殊商品的成本增加或降低），以事先确定的方式对合同价格进行最终调整。　　　　　　　　　　　　（　　）

候选答案：

A．固定总价合同　　　　　　　　B．成本补偿合同

C．总价加奖励费用合同　　　　　D．总价加经济价格调整合同

答题思路总解析

从本案例提出的三个问题，我们可以判断出：该案例分析主要考查的是项目采购管理（包括《中华人民共和国采购法》和《中华人民共和国招标投标法》）。根据"案例描述及问题"中画"___"的

文字并结合我们的项目管理经验，可以推断出：①投标的截止时间存在问题，依法必须进行招标的项目，自招标文件开始发出之日起至投标人提交投标文件的截止之日止，最短不得少于二十日（这点从"6月20日，招标代理机构在网站上发布了该项目的招标公告，招标公告要求投标人必须在6月30日上午10:00前提交投标文件"可以推导出）；②招标代理机构拒绝投标人投标文件修改存在问题，投标人在提交投标文件的截止时间前，可以补充、修改或者撤回已提交的投标文件，并书面通知招标人（这点从"6月28日，B公司向招标代理机构发送了书面通知，称之前提交的投标材料有问题，希望用重新制作的投标文件替换原有的投标文件，招标代理机构拒绝了该投标人的要求"可以推导出）；③将原定的开标时间推迟存在问题，开标应当在确定招标文件，提交投标文件的截止时间的同一时间公开进行；④接受迟到的C公司投标材料存在问题，在招标文件要求提交投标文件的截止时间后送达的投标文件，招标人应当拒收（这两点从"6月30日上午9:30，5家公司提交了投标材料。此时，招标代理机构接到C公司的电话，对方称由于堵车原因，可能会迟到，希望开标时间能推迟半小时，招标代理机构与已递交材料的5家公司代表沟通后，大家一致同意将开标时间推迟到上午10:30"可以推导出）；⑤没有对中标候选人进行排名，评标完成后，评标委员会应当向招标人提交书面的评标报告和中标候选人名单，中标候选人应当不超过3个，并标明排序；⑥A公司直接决定D公司中标存在问题，招标人应当确定排名第一的中标候选人为中标人（这两点从"评标委员会对投标文件进行了评审和比较，向A公司推荐了中标候选人D公司和E公司。经过慎重考虑，A公司最终决定D公司中标"可以推导出）；⑦A公司公布中标结果，只向D公司发出了中标通知书存在问题，中标人确定后，招标人应当向中标人发出中标通知书，并同时将中标结果通知所有未中标的投标人；⑧B公司向招标代理机构询问中标结果，招标代理机构以保密为由拒绝告知存在问题，需要将中标结果通知所有未中标的投标人（这两点从"7月10日，A公司公布中标结果，并向D公司发出了中标通知书。7月11日，B公司向招标代理机构询问中标结果，招标代理机构以保密为由拒绝告知"可以推导出）；⑨A公司与D公司签署了商务合同存在问题，招标人和中标人应当自中标通知书发出之日起三十日内，按照招标文件和中标人的投标文件订立书面合同（这点从"8月20日，A公司与D公司签署了商务合同，并要求D公司尽快组织人员启动项目实施"可以推导出）；⑩D公司将项目的某重要工作分包给了另一家公司存在问题，只能将非主体、非关键性工作分包；⑪D公司直接分包项目存在问题，中标人按照合同约定或者经招标人同意，可以将中标项目的部分非主体、非关键性工作分包给他人完成；⑫项目实施工作可能没做好充分准备，太过于仓促（从"8月22日，D公司项目团队正式进场。A公司发现D公司将项目的某重要工作分包给了另一家公司。通过查阅商务合同以及D公司投标文件发现，D公司未在这两份文件中提及任何分包事宜"可以推导出）等是该项目在招投标及项目实施过程中存在的问题，用于回答【问题1】。【问题2】和【问题3】属于纯理论性质的问题，与本案例关系不大。（案例难度：★★★）

【问题1】答题思路解析及参考答案

一、答题思路解析

根据"答题思路总解析"中的阐述可知，该项目在招投标及项目实施过程中存在的问题主要有

12 点。（**问题难度：★★★**）

二、参考答案

该项目在招投标及项目实施过程中存在的问题主要有：

（1）投标截止时间存在问题，依法必须进行招标的项目，自招标文件开始发出之日起至投标人提交投标文件截止之日止，最短不得少于二十日。

（2）招标代理机构拒绝投标人修改投标文件存在问题，投标人在提交投标文件的截止时间前，可以补充、修改或者撤回已提交的投标文件，并书面通知招标人。

（3）将原定的开标时间推迟存在问题，开标应当在确定招标文件，提交投标文件的截止时间的同一时间公开进行。

（4）接受迟到的 C 公司投标材料存在问题，根据招标文件要求，提交投标文件的截止时间后送达的投标文件，招标人应当拒收。

（5）没有对中标候选人进行排名，评标完成后，评标委员会应当向招标人提交书面的评标报告和中标候选人名单。中标候选人应当不超过 3 个，并标明排序。

（6）A 公司直接决定 D 公司中标存在问题，招标人应当确定排名第一的中标候选人为中标人。

（7）A 公司公布中标结果，并向 D 公司发出了中标通知书存在问题，中标人确定后，招标人应当向中标人发出中标通知书，并同时将中标结果通知所有未中标的投标人。

（8）B 公司向招标代理机构询问中标结果，招标代理机构以保密为由拒绝告知。应当将中标结果通知所有未中标的投标人。

（9）A 公司与 D 公司签署了商务合同存在问题，招标人和中标人应当自中标通知书发出之日起三十日内，按照招标文件和中标人的投标文件签订书面合同。

（10）D 公司将项目的某重要工作分包给了另一家公司存在问题，只能将非主体、非关键性的工作分包。

（11）D 公司直接分包项目存在问题，中标人按照合同约定或者经招标人同意，可以将中标项目的部分非主体、非关键性工作分包给他人完成。

（12）项目实施工作可能没做好充分准备，太过于仓促。

【问题 2】答题思路解析及参考答案

一、答题思路解析

根据"答题思路总解析"中的阐述可知，该问题是一个纯理论性质的问题。常见的招标文件有：信息邀请书（RFI）、报价邀请书（RFQ）和建议邀请书（RFP）等。（**问题难度：★★★**）

二、参考答案

常见的招标文件有：信息邀请书（RFI）、报价邀请书（RFQ）和建议邀请书（RFQ）等。

【问题 3】答题思路解析及参考答案

一、答题思路解析

根据"答题思路总解析"中的阐述可知，该问题是一个纯理论性质的问题。卖方 100% 承担成本超支的风险，是固定总价合同类型；允许根据条件变化（如通货膨胀、某些特殊商品的成本增加或降低），以事先确定的方式对合同价格进行最终调整，是总价加经济价格调整合同。（**问题难度：★★★**）

二、参考答案

（1）卖方 100% 承担成本超支的风险。（A. 固定总价合同）

（2）允许根据条件变化（如通货膨胀、某些特殊商品的成本增加或降低），以事先确定的方式对合同价格进行最终调整。（D. 总价加经济价格调整合同）

2018.11 试题四

【**说明**】阅读下列材料，请回答问题 1 至问题 3。

案例描述及问题

某公司规模较小，公司总经理认为工作开展应围绕研发和市场进行，在项目研发过程中，编写相关文档会严重耽误项目执行的进度，应该能省就省。2018 年 1 月，公司中标一个公共广播系统建设项目，主要包括广播主机、控制器等设备及平台软件的研发工作。公司任命小陈担任项目经理。为保证项目质量，小陈指定一直从事软件研发工作的小张兼职负责项目的质量管理。

小张参加完项目需求和设计方案评审后，便全身心地投入到自己负责的研发工作中。

在项目即将交付前，小张按照项目组制订的验收大纲进行了检查，并按照项目组拟定的文件列表，检查文件是否齐全，然后签字通过。客户验收时，发现系统存在严重的质量问题，不符合客户的验收标准，项目交付时间因此推延。

【**问题 1**】（10 分）

结合案例，分析该项目中质量问题产生的原因。

【**问题 2**】（5 分）（为与新教程知识体系保持一致性，编者对该问题进行了修改）

请简述控制质量过程的输入。

【**问题 3**】（4 分）

基于案例，请判断以下描述是否正确（填写在答题纸的对应栏内，正确的选项填写"√"，不正确的选项填写"×"）：

（1）项目质量管理包括确定质量政策、目标与职责的各过程和活动，从而使项目满足其预定的需求。　　　　　　　　　　　　　　　　　　　　　　　　　　　　　　（　　）

（2）帕累托图是一种特殊形式的条形图，用于描述集中趋势、分散程度和统计分布形状。　　　　　　　　　　　　　　　　　　　　　　　　　　　　　　　　　　（　　）

（3）通过持续过程改进，可以减少浪费，消除非增值活动，使各过程在更高的效率与效果水平上运行。　　　　　　　　　　　　　　　　　　　　　　　　　　　　　　（　　）

（4）从项目作为一项最终产品来看，项目质量体现在其性能或者使用价值上，即项目的过程质量。　　　　　　　　　　　　　　　　　　　　　　　　　　　　　　　　（　　）

答题思路总解析

从本案例提出的三个问题，可以判断出：该案例分析主要考查的是项目的质量管理。"案例描述及问题"中画"＿＿＿"的文字是该项目已经出现的**问题**：即"客户验收时，发现系统存在严重的质量问题，不符合客户的验收标准，项目交付时间因此推延"。根据这些问题和"案例描述及问题"中画"＿＿＿"的文字，并结合项目管理经验，可以推断出：①公司高层对质量管理认识不足，不重视质量管理（这两点从"公司总经理认为工作开展应围绕研发和市场进行，在项目研发过程中，编写相关文档会严重耽误项目执行的进度，应该能省就省"可以推导出）；②质量人员小张经验、能力不足；③没有指定专门的质量管理人员（这两点从"为保证项目质量，小陈指定一直从事软件研发工作的小张兼职负责项目的质量管理"可以推导出）；④质量管理人员在质量管理方面投入的时间和精力太少（这点从"小张参加完项目需求和设计方案评审后，便全身心地投入到自己负责的研发工作中"可以推导出）；⑤没有制订和实施合理的、可操作性的质量管理计划；⑥缺少质量标准和质量规范（这两点从"小张按照项目组制订的验收大纲进行了检查，并按照项目组拟定的文件列表，检查文件是否齐全，然后签字通过"可以推导出）；⑦质量控制做得不到位（这点从"客户验收时，发现系统存在严重的质量问题"可以推导出）等是导致项目出现"客户验收时，发现系统存在严重的质量问题，不符合客户的验收标准，项目交付时间因此推延"的主要**原因**（这些原因用于回答【**问题1**】）。【**问题2**】和【**问题3**】属于纯理论性质的问题，与本案例关系不大。（**案例难度：★★★**）

【问题 1】答题思路解析及参考答案

一、答题思路解析

根据"答题思路总解析"中的阐述可知，该项目中质量问题产生的原因主要有 7 点。（**问题难度：★★★**）

二、参考答案

该项目中质量问题产生的原因主要有：

（1）公司高层对质量管理认识不足，不重视质量管理。

（2）质量人员小张经验、能力不足。

（3）没有指定专门的质量管理人员。

（4）质量管理人员在质量管理方面投入的时间和精力太少。

（5）没有制订和实施合理的、可操作性的质量管理计划。

（6）缺少质量标准和质量规范。

（7）质量控制做得不到位。

【问题 2】答题思路解析及参考答案

一、答题思路解析

根据"答题思路总解析"中的阐述可知，该问题是一个纯理论性质的问题。控制质量过程的输入有：①质量管理计划；②质量测量指标；③测试与评估文件；④工作绩效数据；⑤批准的变更请求；⑥可交付成果；⑦事业环境因素；⑧组织过程资产。**（问题难度：★★★）**

二、参考答案

控制质量过程的输入有：①质量管理计划；②质量测量指标；③测试与评估文件；④工作绩效数据；⑤批准的变更请求；⑥可交付成果；⑦事业环境因素；⑧组织过程资产。

【问题 3】答题思路解析及参考答案

一、答题思路解析

根据"答题思路总解析"中的阐述可知，该问题是一个纯理论性质的问题。（1）正确，考查的是项目质量管理的定义；（2）错误，描述的是直方图的作用，不是帕累托图的作用；（3）显而易见是正确的；项目质量体现在其性能或者使用价值上，这是项目的结果质量，不是项目的过程质量，所以（4）是错误的。**（问题难度：★★★）**

二、参考答案

（1）项目质量管理包括确定质量政策、目标与职责的各过程和活动，从而使项目满足其预定的需求。　　　　　　　　　　　　　　　　　　　　　　　　　　　　　（√）

（2）帕累托图是一种特殊形式的条形图，用于描述集中趋势、分散程度和统计分布形状。　　　　　　　　　　　　　　　　　　　　　　　　　　　　　　　　　（×）

（3）通过持续过程改进，可以减少浪费，消除非增值活动，使各过程在更高的效率与效果水平上运行。　　　　　　　　　　　　　　　　　　　　　　　　　　　　（√）

（4）从项目作为一项最终产品来看，项目质量体现在其性能或者使用价值上，即项目的过程质量。　　　　　　　　　　　　　　　　　　　　　　　　　　　　　　（×）

2019.05 试题一

【说明】阅读下列材料，请回答问题 1 至问题 4。

案例描述及问题

（注：为与新教程知识体系保持一致性，编者对题干和【问题 1】、【问题 4】进行了适当修改）

某公司开发一个新闻客户端后台大数据平台，该平台可以实现基于用户行为、社交关系、内容、标签、热度地理位置的内容推荐。公司指派张工负责该项目的质量管理。由于刚开始从事质量管理工作，张工进行了充分的学习，并梳理了如下内容：

1. 质量规划的目的是确定项目应当采用哪些质量标准以及如何达到这些标准，进而制订了质量管理规划。

2. 质量与等级类似，质量优于等级，项目中应重点关注质量，可以不必考虑等级问题。

3. 质量规划阶段需要考虑质量成本的要素，质量成本是项目总成本的一个组成部分。因此张工建立了如下表格，以区分一致性成本和不一致性成本。

一致性成本	不一致性成本
（1）预防成本	（5）保修
（2）评价成本	（6）破坏性测试导致的损失
（3）项目内部发现的内部失败成本	（7）客户发现的外部失败成本
（4）培训	（8）检查

【问题1】（5分）

在本案例中，张工完成质量管理规划后，应该输出哪些内容？

【问题2】（3分）

结合案例，请指出张工对质量与等级的看法是否正确？请简述你对质量与等级的认识。

【问题3】（8分）

请对张工设计的成本分类表格的内容进行判断（填写在答题纸的对应栏内，归类正确的填写"√"，归类错误的填写"×"）。

【问题4】（4分）

结合案例，从候选答案中选择一个正确答案，将该选项的编号填入答题纸对应栏内。

（1）（　　）是将实际或计划的项目实践与可比项目的实践进行对照，以便识别出最佳实践，形成改进意见，并为绩效考核提供依据。

　　A．核对单　　　　　　　　　　B．标杆对照

　　C．头脑风暴　　　　　　　　　　D．统计抽样

（2）戴明提出了持续改进的观点，在休哈特之后系统科学地提出用（　　）的方法进行质量和生产力的持续改进。

　　A．零缺陷　　　　B．六西格玛　　　　C．精益　　　　D．统计

（3）管理质量的方法有很多，（　　）属于管理质量的常用方法。

　　A．过程分析　　　　　　　　　　B．测试与检查规划

　　C．检查　　　　　　　　　　　　D．质量成本

（4）以下哪项是控制质量过程的输出？（　　）。

　　A．质量管理计划　　　　　　　　B．质量报告

　　C．核实的可交付成果　　　　　　D．质量测量指标

答题思路总解析

从本案例提出的四个问题，我们可以判断出：该案例分析主要考查的是项目的质量管理。**【问题1】**、**【问题3】**和**【问题4】**考的是项目质量管理方面的理论知识；**【问题2】**需要把项目实际情况和理论结合起来进行回答。（案例难度：★★★）

【问题 1】答题思路解析及参考答案

一、答题思路解析

根据"答题思路总解析"中的阐述可知，该问题是一个纯理论性质的问题。规划质量管理这一过程的输出有：质量管理计划、质量测量指标、项目管理计划更新和项目文件更新。**（问题难度：★★★）**

二、参考答案

张工完成质量管理规划后，应该输出的内容有：质量管理计划、质量测量指标、项目管理计划更新和项目文件更新。

【问题 2】答题思路解析及参考答案

一、答题思路解析

根据"答题思路总解析"中的阐述可知，该问题需要把项目的实际情况和理论相结合进行回答，由于质量和等级是不同的，因此张工对质量与等级的看法是不正确的。质量作为实现的性能或成果，是一系列内在特性满足要求的程度；等级作为设计意图，是对用途相同但技术特性不同的可交付成果的级别分类。**（问题难度：★★★）**

二、参考答案

不正确。

质量作为实现的性能或成果，是一系列内在特性满足要求的程度；等级作为设计意图，是对用途相同但技术特性不同的可交付成果的级别分类。

【问题 3】答题思路解析及参考答案

一、答题思路解析

根据"答题思路总解析"中的阐述，我们知道，该问题是一个纯理论性质的问题。我们可以判断出：（1）正确；（2）正确；（3）错误（项目内部发现的内部失败成本属于不一致性成本）；（4）正确；（5）正确；（6）错误（破坏性测试导致的损失属于一致性成本）；（7）正确；（8）错误（检查属于一致性成本）。**（问题难度：★★★）**

二、参考答案

（1）√　（2）√　（3）×　（4）√　（5）√　（6）×　（7）√　（8）×

【问题 4】答题思路解析及参考答案

一、答题思路解析

根据"答题思路总解析"中的阐述可知，该问题是一个纯理论性质的问题。

（1）标杆对照是将实际或计划项目的实践与可比项目的实践进行对照，以便识别最佳的实践，形成改进意见，并为绩效考核提供依据。

（2）戴明提出了持续改进的观点，在休哈特之后系统科学地提出用统计的方法进行质量和生产力的持续改进。

（3）管理质量的方法有很多，过程分析属于其中的常用方法，测试与检查规划、质量成本是规划质量管理过程的工具，检查是控制质量过程的工具。

（4）质量管理计划和质量测量指标是规划质量管理过程的输出，质量报告是管理质量过程的输出。（**问题难度：★★★**）

二、参考答案

（1）B　　（2）D　　（3）A　　（4）C

2019.05 试题三

【说明】阅读下列材料，请回答问题 1 至问题 3。

案例描述及问题

A 公司中标工期为 10 个月的某政府（甲方）系统集成项目，<u>需要采购一批液晶显示屏</u>。考虑到项目预算，项目经理小张在竞标的几个供应商里选择了报价最低的 B 公司，并约定交货周期为 5 个月。<u>B 公司提出预付全部货款才能按时交货，小张同意了对方要求</u>。项目启动后，前期工作进展顺利。<u>临近交货日期，B 公司提出，因为最近公司订单太多，只能按时交付 80% 的货物</u>。经过几番催促，B 公司才答应按时全部交货。<u>产品进入现场后，甲方反馈液晶显示屏有大量的残次品。小张与 B 公司交涉多次，相关问题都没有得到解决，甲方很不满意。</u>

【问题 1】（3 分）（**为与新教程知识体系保持一致性，编者对该问题进行了修改**）

按照项目管理过程，请将下面（1）～（3）处的答案填写在答题纸的对应栏内。

采购管理过程包括：＿＿（1）＿＿、＿＿（2）＿＿ 和 ＿＿（3）＿＿。

【问题 2】（8 分）

结合案例，简要说明小张在采购过程中存在的问题。

【问题 3】（7 分）（**为与新教程知识体系保持一致性，编者对该问题进行了修改**）

采购形式一般有哪几种？以招投标方式进行的采购，实施采购过程包括哪几个环节？

答题思路总解析

从本案例提出的三个问题，可以判断出：该案例分析主要考查的是项目采购管理。"案例描述及问题"中画"＿＿"的文字是该项目已经出现的**问题**：即"产品进入现场后，甲方反馈液晶显示屏有大量残次品；相关问题都没有得到解决，甲方很不满意"。根据这些问题和"案例描述及问题"中画"＿＿"的文字并结合项目管理经验，可以推断出：①没有具体明确采购需求（这点从"需要采购一批液晶显示屏"可以推导出）；②没有编制合适的采购管理计划；③货品价格不应该是选择供应商的第一因素（这两点从"考虑到项目预算，项目经理小张在竞标的几个供应商里选择了报价最低的 B 公司"可以推导出）；④付款方式存在问题，不能预付全部款项；⑤预付款方案不能由项目经理自行决定，应该采用合同评审的方式确定（这两点从"B公司提出预付全部货款才能按时交货，小张同意了对方要求"可以推导出）；⑥没有及时跟踪和监控B公司的供货进展（这点从"临近交货日期，B公司提出，因为最近公司订单太多，只能按时交付80%的货物"可以推导出）；⑦到货后没有进行验货（这点从"产品进入现场后，甲方反馈液晶显示屏有大量残次品"可以推导出）；⑧采购合同签订方面可能存在问题，对相关的违约责任可能没有定义清楚（这点从"小张与B公司交涉多次，相关问题都没有得到解决，甲方很不满意"可以推导出）等是导致项目出现"产品进入现场后，甲方反馈液晶显示屏有大量残次品；相关问题都没有得到解决，甲方很不满意"的主要**原因**（这些原因用于回答【问题2】）。【问题1】和【问题3】属于纯理论性质的问题，与本案例关系不大。（**案例难度：★★★**）

【问题1】答题思路解析及参考答案

一、答题思路解析

根据"答题思路总解析"中的阐述可知，该问题是一个纯理论性质的问题。采购管理包括规划采购管理、实施采购和控制采购三个过程。（**问题难度：★★★**）

二、参考答案

采购管理过程包括：（规划采购管理）、（实施采购）和（控制采购）。

【问题2】答题思路解析及参考答案

一、答题思路解析

根据"答题思路总解析"中的阐述可知，小张在采购过程中存在的问题主要有8点。（**问题难度：★★★**）

二、参考答案

小张在采购过程中存在的问题主要有：

（1）没有具体明确采购需求。

（2）没有编制合适的采购管理计划。

（3）货品价格不应该是选择供应商的第一因素。

（4）付款方式存在问题，不能预付全部款项。

（5）预付款方案不能由项目经理自行决定，应该采用合同评审的方式确定。

（6）没有及时跟踪和监控B公司的供货进展。

（7）到货后，没有进行验货。

（8）采购合同签订方面可能存在问题，对相关违约责任可能没有定义清楚。

【问题3】答题思路解析及参考答案

一、答题思路解析

该问题是一个纯理论性质的问题。采购形式一般有直接采购、邀请招标和竞争招标三种。以招

第5章

投标方式进行的采购，实施采购过程包括招标、投标、评标和授标四个环节。（**问题难度：★★★**）

　　二、参考答案

　　采购形式一般有直接采购、邀请招标和竞争招标三种。以招投标方式进行的采购，实施采购过程包括招标、投标、评标和授标四个环节。

2019.05 试题四

　　【说明】阅读下列材料，请回答问题 1 至问题 3。

<u>案例描述及问题</u>

　　A 公司中标某客户业务系统的运行维护服务项目，服务期从 2018 年 1 月 1 日至 2018 年 12 月 31 日。在服务合同中，A 公司向客户承诺该系统全年的非计划中断时间不超过 20 小时。

　　<u>1 月初，项目经理小贾组织相关人员召开项目风险管理会议，从人员、资源、技术、管理、客户、设备厂商等多方面对项目风险进行了识别</u>，并制订了包含 50 多条风险在内的《风险清单》。<u>小贾按照风险造成的负面影响程度从高到低对这些风险进行了优先级排序</u>。在讨论风险应对措施时，工程师小王建议：<u>针对来自项目团队内部的风险，可以制订应对措施；针对来自外部（如客户、设备厂商）的风险，由于超出团队成员的控制范围，不用制订应对措施</u>。小贾接受了建议，针对《风险清单》中的内部风险制订了应对措施，并将措施的实施责任落实到人，要求所有的应对措施在 3 月底前实施完毕。

　　3 月底，<u>小贾通过电话会议的方式了解风险应对措施的执行情况，相关负责人均表示应对措施都已实施完成。小贾对大家的工作表示感谢，将《风险清单》中的所有风险进行了关闭，并宣布风险管理工作结束</u>。

　　5 月初，客户想用国外某厂商研发的新型网络设备替换原有的国产网络设备，并征询小贾的建议。<u>小贾认为新产品一般会采用最先进的技术，设备的稳定性和性能相比原来设备应该会有较大的提升，因此强烈建议客户尽快替换</u>。

　　6 月份，由于产品 bug 以及主机、存储设备兼容性的问题，新上线的网络设备接连发生了 5 次故障，每次发生故障时，小贾第一时间安排人员维修，但故障复杂，加上工程师对新设备操作不熟练，每次维修花费时间较长。<u>5 次维修造成的系统中断时间超过了 20 小时，客户对此非常不满意</u>。

　　【问题 1】（10 分）

　　结合以上案例，请指出 A 公司在项目风险管理中存在的问题。

　　【问题 2】（4 分）

　　如果你是该项目的项目经理，针对新设备上线的风险，你有什么应对措施？

　　【问题 3】（6 分）（为与新教程知识体系保持一致性，编者对该问题进行了修改）

　　结合本案例，判断下列选项的正误（填写在答题纸的对应栏内，正确的选项填写"√"，错误的选项填写"×"）：

（1）定量风险分析是评估并综合分析风险的概率和影响，对风险进行优先排序，从而为后续分析或行动提供基础的过程。（　　）

（2）在没有足够的数据建立模型时，定量风险分析可能无法实施。（　　）

（3）技术绩效分析指的是检查并记录风险应对措施用于处理已识别的风险及其根源方面的有效性，以及在风险管理过程中的有效性。（　　）

（4）在股票市场上卖股票属于纯粹风险。（　　）

（5）如果风险管理花费的成本超过所管理的风险事件的预期货币价值，则可以考虑任其发生，不进行管理。（　　）

（6）风险的后果会因时空变化而有所变化，这反映了风险的偶然性。（　　）

答题思路总解析

从本案例提出的三个问题，可以判断出：该案例分析主要考查的是项目风险管理。"案例描述及问题"中画"＿＿＿＿"的文字是该项目已经出现的**问题**：即"5次维修造成的系统中断时间超过了20小时，客户对此非常不满意"。根据这些问题和"案例描述及问题"中画"＿＿＿"的文字并结合项目管理经验，可以推断出：①没有制订风险管理计划（这点从"1月初，项目经理小贾组织相关人员召开项目风险管理会议，从人员、资源、技术、管理、客户、设备厂商等多个方面对项目风险进行了识别"可以推导出）；②在对风险进行排序时，没有考虑风险发生的概率（这点从"小贾按照风险造成的负面影响程度从高到低对这些风险进行了优先级排序"可以推导出）；③只针对部分风险制订了风险应对措施（这点从"针对来自项目团队内部的风险，可以制订应对措施；针对来自外部（如客户、设备厂商）的风险，由于超出团队成员的控制范围，不用制订应对措施"可以推导出）；④风险控制存在问题，没有对风险应对措施的执行结果进行验证；⑤风险管理应该贯穿项目的全过程，不能提前结束（这两点从"小贾通过电话会议的方式了解风险应对措施的执行情况，相关负责人均表示应对措施都已实施完成。小贾对大家的工作表示感谢，将《风险清单》中的所有风险进行了关闭，并宣布风险管理工作结束"可以推导出）；⑥没有重新识别新网络设备可能存在的风险（这点从"小贾认为新产品一般会采用最先进的技术，设备的稳定性和性能相比原来设备应该会有较大的提升，强烈建议客户尽快替换"可以推导出）等是导致项目出现"5次维修造成的系统中断时间超过了20小时，客户对此非常不满意"的主要**原因**（把这些原因用于回答【问题1】）。【问题2】需要结合工作经验，针对新设备上线的风险提出预防措施和应急措施。【问题3】属于纯理论性质的问题，与本案例关系不大。（**案例难度：★★★**）

【问题1】答题思路解析及参考答案

一、答题思路解析

根据"答题思路总解析"中的阐述可知，A公司在项目风险管理中存在的问题主要有6点。（**问题难度：★★★**）

二、参考答案

A 公司在项目风险管理中存在的问题主要有：

（1）没有制订风险管理计划。

（2）在对风险进行排序时，没有考虑风险发生的概率。

（3）只针对部分风险制订了风险应对措施。

（4）风险控制存在问题，没有对风险应对措施的执行结果进行验证。

（5）风险管理应该贯穿项目的全过程，不能提前结束。

（6）没有重新识别新网络设备可能存在的风险。

【问题2】答题思路解析及参考答案

一、答题思路解析

根据"答题思路总解析"中的阐述可知，需要结合工作经验，针对新设备上线的风险分别提出预防措施和应急措施。预防措施有：①聘请熟悉新设备的人员；②将新设备在实验环境进行测试，确保新设备的兼容性、稳定性等没有问题；③对相关人员进行培训；④制订新旧设备转换策略，比如可以并行运行一段时间。应急措施有：⑤制订回退方案，用于新设备万一出现故障时，启用旧设备来确保系统的正常运行，从而不影响客户业务的办理。（**问题难度：★★★**）

二、参考答案

针对新设备上线的风险，应对措施有：

（1）聘请熟悉新设备的人员。

（2）将新设备在实验环境中进行测试，确保新设备的兼容性、稳定性等没有问题。

（3）对相关人员进行培训。

（4）制订新旧设备转换策略，比如可以并行运行一段时间。

（5）制订回退方案，用于新设备万一出现故障时，启用旧设备来确保系统的正常运行，从而不影响客户业务的办理。

【问题3】答题思路解析及参考答案

一、答题思路解析

该问题是一个纯理论性质的问题。对风险进行排序是风险定性分析的事情，所以（1）是错误的；（2）正确；风险审计是检查并记录风险应对措施在处理已识别的风险及其根源方面的有效性，以及风险管理过程中的有效性，所以（3）是错误的；卖掉股票也可能赚钱，所以（4）是错误的；（5）正确；这是风险的可变性不是风险的偶然性，所以（6）是错误的。（**问题难度：★★★**）

二、参考答案

（1）定量风险分析是评估并综合分析风险的概率和影响，对风险进行优先排序，从而为后续分析或行动提供基础的过程。 （×）

（2）在没有足够的数据建立模型时，定量风险分析可能无法实施。 （√）

（3）技术绩效分析指的是检查并记录风险应对措施用于处理已识别的风险及其根源方面的有效性，以及在风险管理过程中的有效性。 （×）

（4）在股票市场上卖股票属于纯粹风险。 （×）

（5）如果风险管理花费的成本超过所管理的风险事件的预期货币价值，则可以考虑任其发生，不进行管理。 （√）

（6）风险的后果会因时空变化而有所变化，这反映了风险的偶然性。 （×）

2019.11 试题一

【说明】阅读下列材料，请回答问题 1 至问题 3。

案例描述及问题

系统集成 A 公司中标某市智能交通系统的建设项目，李总负责此项目的启动工作，任命小王为项目经理。小王制订并发布了项目章程，其中明确建设周期为 1 年，于 2018 年 6 月开始。

项目启动后，小王将团队分成了开发实施组和质量控制组，分工制订了范围管理计划、进度管理计划与质量管理计划。

为了与客户保持良好的沟通，并保证项目按要求尽快完成，小王带领开发团队进驻甲方现场开发。小王与客户经过几次会议沟通后，根据自己的经验形成一份需求文件。然后安排开发人员先按照这份文档来展开工作，具体需求细节后续再完善。

开发过程中，客户不断提出新的需求，小王一边修改需求文件一边安排开发人员进行修改，开发工作多次反复。2019 年 2 月，开发工作只完成了计划的 50%，此时小王安排项目质量工程师进驻现场，发现很多质量问题。小王即组织开发人员加班修改。由于项目组几个同事还承担着其他项目的工作，工作时间没法得到保障，项目实施进度严重滞后。

小王将项目进展情况向李总进行了汇报，李总对项目现状不满意，抽调公司两名有多年项目实施经验的员工到现场支援。经过努力项目最终还是延期四个月才完成。小王认为项目延期与客户有一定关系，与客户发生了争执，导致项目至今无法验收。

【问题 1】（7 分）

结合案例，从项目管理角度，简要分析项目存在的问题。

【问题 2】（6 分）

结合案例，判断下列选项的正误（正确的选项填写"√"，错误的选项填写"×"）。

（1）制订项目管理计划采用从上至下的方法，先制订总体的项目管理计划，再分解形成其他质量、进度等分项计划。 （ ）

（2）项目启动阶段不需要进行风险识别。 （ ）

（3）整体变更控制的依据有项目管理计划、工作绩效报告、变更请求和组织过程资产。

（ ）

（4）项目收尾的成果包括最终的产品、服务或成果移交。　　　　　（　　）

（5）项目管理计划随着项目进展而逐渐明晰。　　　　　　　　　　（　　）

（6）项目执行过程中，先执行范围、进度、成本等过程管理，然后整体管理汇总其他知识领域的执行情况，再进行整体协调管理。　　　　　　　　　　　　　　（　　）

【问题 3】（4 分）

请简要叙述项目整体管理中监控项目工作的输出。

答题思路总解析

从本案例提出的三个问题可以判断出：该案例分析主要考查的是项目的整合管理。"案例描述及问题"中画"＿＿＿"的文字是该项目已经出现的**问题**：即"2019 年 2 月，开发工作只完成了计划的 50%、发现很多质量问题、项目实施进度严重滞后、项目最终还是延期四个月才完成、项目至今无法验收"。根据这些问题和"案例描述及问题"中画"＿＿"的文字并结合项目管理经验，我们可以推断出：①项目章程不应该由小王制订和发布（这点从"小王制订并发布了项目章程"可以推导出）；②项目管理计划不完善，缺乏成本管理计划、人力资源管理等子计划；③项目管理计划没有经过评审（这两点从"分工制订了范围管理计划、进度管理计划与质量管理计划"可以推导出）；④需求文件只是小王根据自己的经验制订的，没有调研各相关干系人、也没有评审（这点从"小王与客户经过几次会议沟通后，根据自己的经验形成一份需求文件"可以推导出）；⑤对客户提出的新需求没有走整体的变更控制流程（这点从"客户不断提出新的需求，小王一边修改需求文件一边安排开发人员进行修改，开发工作多次反复"可以推导出）；⑥质量管理不及时，在完成计划工作的 50% 后才安排质量工程师进驻现场（这点从"2019 年 2 月，开发工作只完成了计划的 50%，此时小王安排项目质量工程师进驻现场，发现很多质量问题"可以推导出）；⑦进度管理不善，导致进度严重滞后（这点从"项目实施进度严重滞后"和"项目最终还是延期四个月才完成"可以推导出）；⑧与客户方沟通存在问题，导致与客户发生争执并影响到项目验收（这点从"小王认为项目延期与客户有一定关系，与客户发生了争执，导致项目至今无法验收"可以推导出）等是导致项目出现"2019 年 2 月，开发工作只完成了计划的 50%、发现很多质量问题、项目实施进度严重滞后、项目最终还是延期四个月才完成、项目至今无法验收"的主要**原因**（这些原因用于回答**【问题 1】**）；**【问题 2】**需要结合工作经验和项目管理理论进行判断；**【问题 3】**属于纯理论性质的问题，与本案例关系不大。（**案例难度：★★★**）

【问题 1】答题思路解析及参考答案

一、答题思路解析

根据"答题思路总解析"中的阐述可知，项目所存在的问题主要有 8 点。（**问题难度：★★★**）

二、参考答案

项目所存在的问题主要有：

（1）项目章程不应该由小王制订和发布。

（2）项目管理计划不完善，缺乏成本管理计划、人力资源管理等子计划。

（3）项目管理计划没有经过评审。

（4）需求文件只是小王根据自己的经验制订的，没有调研各相关干系人、也没有评审。

（5）对客户提出的新需求没有走整体变更控制流程。

（6）质量管理不及时，在完成计划工作的50%后才安排质量工程师进驻现场。

（7）进度管理不善，导致进度严重滞后。

（8）与客户方沟通存在问题，导致与客户发生争执并影响到项目验收。

【问题2】答题思路解析及参考答案

一、答题思路解析

根据"答题思路总解析"中的阐述可知，该问题需要结合工作经验和项目管理理论进行判断。制订项目管理计划，应该是首先制订总体计划，然后在总体计划的指导下制订各分项计划，最后是把各分项计划整合为项目管理计划，所以（1）错误；在项目的任何阶段都需要进行风险识别，所以（2）错误；（3）正确；"最终产品、服务或成果移交"是结束项目或结束这一阶段的成果，项目收尾管理不是一个过程，所以（4）错误；（5）正确；项目管理各领域的过程是交织在一起执行的，无法分清先后顺序，所以（6）错误。**（问题难度：★★★）**

二、参考答案

（1）制订项目管理计划采用从上至下的方法，先制订总体的项目管理计划，再分解形成其他质量、进度等分项计划。　　　　　　　　　　　　　　　　　　　　　　　（×）

（2）项目启动阶段不需要进行风险识别。　　　　　　　　　　　　　　　　　（×）

（3）整体变更控制的依据有项目管理计划、工作绩效报告、变更请求和组织过程资产。
　　　　　　　　　　　　　　　　　　　　　　　　　　　　　　　　　　　　（√）

（4）项目收尾的成果包括最终的产品、服务或成果移交。　　　　　　　　　　（×）

（5）项目管理计划随着项目进展而逐渐明晰。　　　　　　　　　　　　　　　（√）

（6）项目执行过程中，先执行范围、进度、成本等过程管理，然后整体管理汇总其他知识领域的执行情况，再进行整体协调管理。　　　　　　　　　　　　　　　　　　（×）

【问题3】答题思路解析及参考答案

一、答题思路解析

根据"答题思路总解析"中的阐述可知，该问题是一个纯理论性质的问题。监控项目工作这一过程的输出有：变更请求、工作绩效报告、项目管理计划和项目文件更新。**（问题难度：★★★）**

二、参考答案

监控项目工作的输出有：变更请求、工作绩效报告、项目管理计划更新和项目文件更新。

2019.11 试题三

【说明】阅读下列材料，请回答问题 1 至问题 3，将解答填入答题纸的对应栏内。

案例描述及问题

某公司承接了一个软件开发项目，客户要求 4 个月交付。鉴于系统功能不多且相对独立，公司项目管理办公室评估后，认为该项目可以作为敏捷方法的试点项目。公司抽调各研发组的空闲人员组建了项目团队，任命小张为项目经理。

项目团队刚组建时，大家对敏捷方法和项目目标都充满了信心，但工作开始没多久，项目经理小张就与项目成员老王因技术路线问题产生了分歧。经过几轮讨论，双方都坚持己见，小张认为这严重损害了他作为项目经理的权威，于是想办法把老王调离了项目团队，让项目组采用了他提出的技术路线。

一个月以来，团队一直在紧张地赶工，任务分配不合理、对个人的考核规则不明确、工位分散、沟通不顺畅，项目经理指责项目成员能力不足、工作习惯不好、对任务的理解不一致。团队出现了超出预想的困难，很可能导致项目无法按时交付。

【问题 1】（6 分）

（1）请简述一般项目团队建设的五个阶段及其特点。

（2）请说明案例中项目团队所处的阶段。

【问题 2】（4 分）

（1）请指出常用的冲突解决方案。

（2）针对案例中发生的冲突，请指出项目经理采用了哪种冲突管理方法，并说明其特点。

【问题 3】（10 分）（为与新教程知识体系保持一致性，编者对该问题进行了修改）

（1）实现团队高效运行的行为主要有哪些？

（2）指出案例在资源管理中存在的问题，并写出改进措施。

答题思路总解析

从本案例提出的三个问题可以判断出：该案例分析主要考查的是项目的资源管理。"案例描述及问题"中画"＿＿＿"的文字是该项目已经出现的**问题**：即"团队出现了超出预想的困难，很可能导致无法按时交付"。根据这些问题和"案例描述及问题"中画"＿＿＿"的文字并结合项目管理经验，可以推断出：①项目经理小张处理与老王之间的冲突采用的是强制的方式，没有采用解决问题的方式，处理方式不对（这点从"双方都坚持己见，小张认为这严重损害了他作为项目经理的权威，于是想办法把老王调离了项目团队，让项目组采用了他提出的技术路线"可以推导出）；②人力资源管理计划不科学、不合理；③没有制订出明确的考核规则；④没有让团队采用集中办公的工作方式（这三点从"任务分配不合理、对个人的考核规则不明确、工位分散、沟通不顺畅"可以推导出）；

⑤项目经理缺乏对项目团队的培训和辅导（这点从"项目经理指责项目成员能力不足、工作习惯不好、对任务的理解不一致"可以推导出）等是导致项目出现"团队出现了超出预想的困难，很可能导致无法按时交付"的主要**原因**（这些原因用于回答**【问题3】**的第（2）小问）。**【问题1】**第（1）小问、**【问题2】**第（1）小问和**【问题3】**第（1）小问都属于纯理论性质的问题，与本案例关系不大。**【问题1】**第（2）小问和**【问题2】**第（2）小问需要结合起来进行判断和回答。**（案例难度：★★★）**

【问题1】答题思路解析及参考答案

一、答题思路解析

根据"答题思路总解析"中的阐述可知，该问题的第（1）小问是一个纯理论性质的问题。项目团队建设分为五个阶段：形成阶段、震荡阶段、规范阶段、成熟阶段和解散阶段。形成阶段的特点：一个个独立的个体成员进入项目团队，开始形成共同的目标，对未来怀着美好的期望；震荡阶段的特点：由于性格特征、工作方式和能力等方面的差异导致个体之间开始争执、互相指责；规范阶段的特点：经过一段时间的磨合，团队成员之间开始熟悉和了解，矛盾逐步得到解决；成熟阶段的特点：团队成员之间配合默契、团队工作效率很高、团队荣誉感很强；解散阶段的特点：随着项目的结束，团队被解散，团队成员可能会出现失落感。根据"案例描述及问题"中的信息，我们知道，该项目团队当前处于震荡阶段。**（问题难度：★★★）**

二、参考答案

（1）项目团队建设分为五个阶段：形成阶段、震荡阶段、规范阶段、成熟阶段和解散阶段。形成阶段的特点：一个个独立的个体成员进入项目团队，开始形成共同的目标，对未来怀着美好的期望；震荡阶段的特点：由于性格特征、工作方式和能力等方面的差异导致个体之间开始争执、互相指责；规范阶段的特点：经过一段时间的磨合，团队成员之间开始熟悉和了解，矛盾逐步得到解决；成熟阶段的特点：团队成员之间配合默契、团队工作效率很高、团队荣誉感很强；解散阶段的特点：随着项目的结束，团队被解散，团队成员可能会出现失落感。

（2）该项目团队当前处于震荡阶段。

【问题2】答题思路解析及参考答案

一、答题思路解析

根据"答题思路总解析"中的阐述可知，该问题的第（1）小问是一个纯理论性质的问题。处理冲突的 5 种方法分别是：合作/解决问题、强迫/命令、妥协/调解、缓和/包容和撤退/回避。根据"案例描述及问题"中的信息，我们知道，项目经理采用了强迫这一冲突管理方法（从"让项目组采用了他提出的技术路线"可以推导出），该方法的特点是：以牺牲其他方的观点为代价，强制采用某一方的观点。**（问题难度：★★★）**

二、参考答案

（1）处理冲突的 5 种方法分别是：合作/解决问题、强迫/命令、妥协/调节、缓和/包容和撤退/

回避。

（2）项目经理采用了强迫这一冲突管理方法，该方法的特点是：以牺牲其他方的观点为代价，强制采用某一方的观点。

【问题 3】答题思路解析及参考答案

一、答题思路解析

根据"答题思路总解析"中的阐述可知，该问题的第（1）小问是一个纯理论性质的问题。实现团队高效运行的行为主要有：①使用开放和有效的沟通；②创造团队建设机遇；建立团队成员间的信任；③以建设性方式管理冲突；④鼓励合作型的问题解决方法；⑤鼓励合作型的决策方法等。

根据"答题思路总解析"中的阐述，我们知道，案例所存在的问题主要主要有 5 点。把这些问题解决了，就是改进措施。（**问题难度：★★★**）

二、参考答案

（一）实现团队高效运行的行为主要有：

（1）使用开放和有效的沟通。

（2）创造团队建设机遇。

（3）建立团队成员间的信任。

（4）以建设性方式管理冲突。

（5）鼓励合作型的问题解决方法。

（6）鼓励合作型的决策方法等。

（二）案例所存在的问题主要有：

（1）项目经理小张处理与老王之间的冲突时采用的是强制的方式，没有采用解决问题的方式，处理方式不对。

（2）人力资源管理计划不科学、不合理。

（3）没有制订出明确的考核规则。

（4）没有让团队采用集中办公的工作方式。

（5）项目经理缺乏对项目团队的培训和辅导。

改进措施：

（1）项目经理加强冲突管理知识的学习，以后遇到类似的冲突，首先要采用解决问题的方法进行处理。

（2）重新梳理人力资源的管理计划，确保该计划科学、合理。

（3）和团队成员一起制订出明确、赏罚分明的考核规则。

（4）把团队成员集中到同一个办公室进行集中办公。

（5）加强对项目团队成员进行工作习惯和工作能力的培训。

2019.11 试题四

【说明】阅读下列材料，请回答问题1至问题3。

案例描述及问题

系统集成 A 公司承接了某市政府电子政务系统机房升级改造项目，任命小张为项目经理。升级改造工作实施前，小张安排工程师对机房进行了检查，形成如下14条记录：

（1）机房有机架30组。

（2）机房内各个区域温度保持在25℃左右。

（3）机房铺设普通地板，配备普通办公家具。

（4）机房照明系统与机房设备统一供电，配备了应急照明装置。

（5）机房配备了 UPS，无稳压器。

（6）机房安装了避雷装置。

（7）机房安装了防盗报警装置。

（8）机房内配备了灭火器，但没有烟感报警装置。

（9）机房门口设立门禁系统，但无人值守。

（10）进入机房的人员需要佩戴相应证件。

（11）进入机房可以使用个人手机与外界联系。

（12）所有来访人员需经过正式批准，批准通过后可随意进入机房。

（13）来访人员可以携带笔记本电脑进入机房。

（14）机房内明确标示禁止吸烟和携带火种。

【问题1】（8分）

根据以上检查记录，请指出该机房在信息安全管理方面存在的问题，并说明原因（给出错误编号及原因）。

【问题2】（4分）（为与新教程知识体系保持一致性，编者对该问题进行了修改）

CIA 三要素是保密性、完整性和可用性，请说明各属性的含义。

【问题3】（6分）

请列举机房内防静电的方式。

答题思路总解析

从本案例提出的三个问题，可以判断出：该案例分析主要考查的是信息安全工程。"案例描述及问题"中画"＿＿"的文字是该机房在信息安全管理方面存在的问题及原因：第（2）条记录有问题，机房内各个区域的温度应该保持在 23±1℃；第（3）条记录有问题，应该铺设防静电的地板；第（4）条记录有问题，应将计算机供电系统与机房内照明设备的供电系统分开；第（5）条记录有问题，需要配备稳压器；第（8）条记录有问题，需要安装烟感报警装置；第（9）条记录有问题，需要有人值守；第（12）条记录有问题，批准通过后也不可随意进入机房，需要有人陪同；第（13）条记录有问题，禁止携带个人电脑等电子设备进入机房（这些内容用于回答【问题1】）。【问题2】和【问题3】都属于纯理论性质的问题，与本案例关系不大。（**案例难度：★★★**）

【问题1】答题思路解析及参考答案

一、答题思路解析

根据"答题思路总解析"中的阐述可知，该机房在信息安全管理方面存在的问题及原因有：第（2）条记录有问题，机房内各个区域的温度应该保持在 23±1℃；第（3）条记录有问题，应该铺设防静电的地板；第（4）条记录有问题，应将计算机供电系统与机房内照明设备的供电系统分开；第（5）条记录有问题，需要配备稳压器；第（8）条记录有问题，需要安装烟感报警装置；第（9）条记录有问题，需要有人值守；第（12）条记录有问题，批准通过后也不可随意进入机房，需要有人陪同；第（13）条记录有问题，禁止携带个人电脑等电子设备进入机房。（**问题难度：★★★**）

二、参考答案

第（2）条记录有问题，机房内各个区域的温度应该保持在 23±1℃。

第（3）条记录有问题，应该铺设防静电的地板。

第（4）条记录有问题，应将计算机供电系统与机房内照明设备的供电系统分开。

第（5）条记录有问题，需要配备稳压器。

第（8）条记录有问题，需要安装烟感报警装置。

第（9）条记录有问题，需要有人值守。

第（12）条记录有问题，批准通过后也不可随意进入机房，需要有人陪同。

第（13）条记录有问题，禁止携带个人电脑等电子设备进入机房。

【问题2】答题思路解析及参考答案

一、答题思路解析

根据"答题思路总解析"中的阐述可知，该问题是一个纯理论性质的问题。保密性的含义是：信息不被泄露给未授权的个人、实体和过程或不被其使用的特性；完整性的含义是：保护资产正确和完整的特性，即确保收到的数据就是发送的数据；可用性的含义是：在需要时，授权实体可以访问和使用的特性。（**问题难度：★★★**）

二、参考答案

保密性的含义：信息不被泄露给未授权的个人、实体和过程或不被其使用的特性。

完整性的含义：保护资产正确和完整的特性，即确保收到的数据就是发送的数据。

可用性的含义：在需要时，授权实体可以访问和使用的特性。

【问题3】答题思路解析及参考答案

一、答题思路解析

根据"答题思路总解析"中的阐述可知，该问题是一个纯理论性质的问题。机房防静电的方式主要有：①设备接地；②使用防静电的地板；③将机房内的温度和湿度控制在合适的范围；④机房中使用的各种家具使用防静电材料；⑤在机房中使用静电消除剂；⑥机房工作人员穿防静电工作服。

（问题难度：★★★）

二、参考答案

机房防静电的方式主要有：

（1）设备接地。

（2）使用防静电的地板。

（3）将机房内的温度和湿度控制在合适的范围。

（4）机房中使用的各种家具使用防静电材料。

（5）在机房中使用静电消除剂。

（6）机房工作人员穿防静电工作服。

2020.11 试题一

【说明】阅读下列材料，请回答问题 1 至问题 3。

<u>案例描述及问题</u>

某公司刚承接了某市政府的办公系统集成项目，因公司有类似项目经验，资料比较齐全。目前急需一名质量管理人员。项目经理考虑到配置管理员小张工作积极负责，安排他来负责本项目的质量管理工作。

小张自学了质量管理的相关知识，并选取了公司之前做过的省级办公系统项目作为参照物，制订了本项目的质量管理计划。

项目执行过程中，小张按照质量管理计划，通过质量核对单进行检查，把全部精力投入到对项目交付成果的质量控制中。在试运行阶段，客户提出需求变更，此时小张发现之前未与客户签订需求确认文件。随后，项目组只好按照新的需求对系统进行修改并通过了内部测试，小张认为测试结果没问题就算达到了验收标准，因此出具了质量报告，并向客户提交了验收申请。客户依据合同，认为项目尚未达到验收标准，拒绝验收。

【问题1】（10分）

结合案例，请指出本项目的质量管理过程中存在的问题。

【问题2】（5分）

请阐述规划质量管理过程的输入。

【问题 3】（3 分）（为与新教程知识体系保持一致性，编者对该问题进行了修改）

请给出下面①～③处的答案。

（1）　　①　　用于描述项目或产品的质量属性，用于管理质量和控制质量过程。

（2）"小张选取公司之前做过的省级办公系统项目作为参照物"这使用的是　②　技术。

（3）实际技术性能，实际进度绩效，实际成本绩效，这些都被称为　③　。

答题思路总解析

从本案例提出的三个问题，可以判断出：该案例分析主要考查的是项目质量管理。"案例描述及问题"中画"＿＿＿"的文字是该项目已经出现的**问题**：即"客户依据合同，认为项目尚未达到验收标准，拒绝验收"。根据这些问题和"案例描述及问题"中画"＿＿"的文字，并结合项目管理经验，可以推断出：①项目经理不应该选择没有质量管理能力和经验的小张负责项目的质量管理工作（这点从"项目经理考虑到配置管理员小张工作积极负责，安排他来负责本项目的质量管理工作"可以推导出）；②小张没有全面掌握质量管理方面的知识；③在质量管理的计划制订方面存在问题，完全参照之前的项目，没有考虑本项目的独特性（这两点从"小张自学了质量管理的相关知识，并选取了公司之前做过的省级办公系统项目作为参照物制订了本项目的质量管理计划"可以推导出）；④只做了质量控制，没有做质量保证（这点从"小张按照质量管理计划，通过质量核对单进行检查，把全部精力投入到对项目交付成果的质量控制中"可以推导出）；⑤需求文件没有获得客户的签字确认（这点从"客户提出需求变更，此时小张发现之前未与客户签订需求确认文件"可以推导出）；⑥没有走需求变更的控制流程就进行了需求变更；⑦项目缺少质量测量指标或小张在质量控制时忽视了质量测量指标（这两点从"项目组只好按照新的需求对系统进行了修改并通过了内部测试，小张认为测试结果没问题就算达到了验收标准，因此出具了质量报告"可以推导出）等是导致项目出现"客户依据合同，认为项目尚未达到验收标准，拒绝验收"的主要**原因**（这些原因用于回答**【问题 1】**）。**【问题 2】**和**【问题 3】**考的是项目质量管理方面的理论知识。（**案例难度：★★★**）

【问题 1】答题思路解析及参考答案

一、答题思路解析

根据"答题思路总解析"中的阐述可知，该项目在质量管理过程中存在的问题主要有 7 点。

（**问题难度：★★★**）

二、参考答案

该项目在质量管理过程中存在的问题主要有：

（1）项目经理不应该选择没有质量管理能力和经验的小张负责项目的质量管理工作。

（2）小张没有全面掌握质量管理方面的知识。

（3）在质量管理的计划制订方面存在问题，完全参照之前的项目，而没有考虑本项目的独特性。

（4）只做了质量控制，没有做质量保证。

（5）需求文件没有获得客户的签字确认。

（6）没有走需求变更的控制流程就进行了需求变更。

（7）项目缺少质量测量指标或小张在质量控制时忽视了质量测量指标。

【问题 2】答题思路解析及参考答案

一、答题思路解析

根据"答题思路总解析"中的阐述可知，该问题是一个纯理论性质的问题，规划质量管理过程的输入有：项目章程、项目管理计划、项目文件、事业环境因素和组织过程资产。（**问题难度：★★★**）

二、参考答案

规划质量管理过程的输入有：项目章程、项目管理计划、项目文件、事业环境因素和组织过程资产。

【问题 3】答题思路解析及参考答案

一、答题思路解析

根据"答题思路总解析"中的阐述可知，该问题是一个纯理论性质的问题，很容易回答。（**问题难度：★★★**）

二、参考答案

（1）质量测量指标用于描述项目或产品的质量属性，用于实施质量保证和控制质量过程。

（2）"小张选取公司之前做过的省级办公系统项目作为参照物"这使用的是标杆对照技术。

（3）实际技术性能，实际进度绩效，实际成本绩效，这些都被称为工作绩效数据。

2020.11 试题三

【说明】 阅读下列材料，请回答问题 1 至问题 3。

案例描述及问题

2018 年底，某公司承接了大型企业数据中心的运行维护服务项目，任命经验丰富的王伟为项目经理。

2019 年 1 月初项目启动会后，王伟根据经验编制了风险管理计划，整理出了风险清单并制订了应对措施。考虑到风险管理会产生一定的成本，王伟按照应对措施的实施成本和难易程度对风险进行了排序。

在项目会议上，王伟挑选了 20 项实施成本相对较低、难度相对较小的应对措施，将实施责任分配到个人并将实施进度和成果等纳入个人绩效中。3 月底各责任人反馈应对措施均已实施完成。

4 月初，数据中心周边施工作业造成市电临时中断，数据中心部分 UPS 由于电池老化未能及时供电，造成部分设备停机。该风险在 20 项应对措施覆盖范围内，当时安排小李负责，而小李认为电力中断发生的可能性太小，没有按照要求对 UPS 做健康检查及测试。

6 月初，数据中心新上线一大批设备，随后又发生了部分设备停机的事件，经过调查发现是机房空调制冷不足引起的。客户认为这是运维团队的工作疏忽，王伟坚持认为大批设备上线在年初做风险识别时属于未知风险，责任不该由运维团队承担。

【问题 1】（8 分）

结合案例，请指出本项目风险管理中存在的问题。

【问题 2】（7 分）

结合案例，请写出风险管理的主要过程，并说明王伟在这些过程中做了哪些具体工作。

【问题 3】（5 分）（为与新教程知识体系保持一致性，编者对该问题进行了修改）

请给出下面（1）～（5）处的答案。

应对威胁或可能给项目目标带来消极影响的风险，可采用＿＿(1)＿＿、＿＿(2)＿＿、＿＿(3)＿＿、＿＿(4)＿＿和＿＿(5)＿＿五种策略。

答题思路总解析

从本案例提出的三个问题可以判断出：该案例分析主要考查的是项目的风险管理。根据"案例描述及问题"中画"＿＿"的文字，并结合项目管理经验，可以推断出本项目风险管理中存在的问题主要有：①风险管理计划的制订存在问题，不能由项目经理一个人编制；②风险管理计划仅凭经验制订，没有考虑项目的实际情况；③风险识别存在问题，不能由项目经理一个人识别风险（这三点从"王伟根据经验编制了风险管理计划，整理出了风险清单并制订了应对措施"可以推导出）；④定性风险分析存在问题，不能只按应对措施的实施成本和难易程度对风险进行排序，要综合考虑风险发生的可能性、风险的影响等多种因素（这点从"王伟按照应对措施的实施成本和难易程度对风险进行了排序"可以推导出）；⑤选择风险应对措施时存在问题，不能只挑成本低、难度小的应对措施（这点从"王伟挑选了 20 项实施成本相对较低、难度相对较小的应对措施"可以推导出）；⑥风险监控存在问题，没有督促项目组成员执行风险应对措施（这点从"小李认为电力中断发生的可能性太小，没有按照要求对 UPS 做健康检查及测试"可以推导出）；⑦没有定期重新识别项目风险（这点从"王伟坚持认为大批设备上线在年初做风险识别时属于未知风险，责任不该由运维团队承担"可以推导出）（这些用于回答【问题 1】）。【问题 2】有理论部分也有需要根据案例情况回答的实践部分；【问题 3】考查的是项目风险管理方面的理论知识。（案例难度：★★★）

【问题 1】答题思路解析及参考答案

一、答题思路解析

根据"答题思路总解析"中的阐述可知，该项目在风险管理过程中存在的问题主要有 7 点。（问题难度：★★★）

二、参考答案

该项目在风险管理过程中存在的问题主要有：

（1）风险管理计划的制订存在问题，不能仅由项目经理一人编制。

（2）风险识别存在问题，不能仅由项目经理一人识别风险。

（3）风险管理计划仅凭经验制订，没有考虑项目的实际情况。

（4）定性风险分析存在问题，不能只按应对措施的实施成本和难易程度对风险进行排序，要综合考虑风险发生的可能性、风险的影响等多种因素。

（5）选择风险应对措施时存在问题，不能只挑成本低、难度小的应对措施。

（6）风险监控存在问题，没有督促项目组成员执行风险应对措施。

（7）没有定期地重新识别项目的风险。

【问题2】答题思路解析及参考答案

一、答题思路解析

根据"答题思路总解析"中的阐述可知，该问题是一个半理论半实践的问题（前半部分是理论，后半部分需要结合案例实践）。项目风险管理的过程有：规划风险管理、识别风险、实施定性风险分析、实施定量风险分析、规划风险应对、实施风险应对和控制风险。王伟在风险管理方面做的工作主要有：①制订了风险管理计划（这点从"王伟根据经验编制了风险管理计划"可以推导出）；②进行了风险识别（这点从"整理出了风险清单并制订了应对措施"可以推导出）；③对风险进行了排序（这点从"王伟按照应对措施的实施成本和难易程度对风险进行了排序"可以推导出）；④规划了风险应对措施（这点从"王伟挑选了20项实施成本相对较低、难度相对较小的应对措施"可以推导出）。**（问题难度：★★★）**

二、参考答案

项目风险管理的过程有：规划风险管理、识别风险、实施定性风险分析、实施定量风险分析、规划风险应对、实施风险应对和控制风险。王伟在风险管理方面做的工作主要有：①制订了风险管理计划；②进行了风险识别；③对风险进行了排序；④规划了风险应对措施。

【问题3】答题思路解析及参考答案

一、答题思路解析

根据"答题思路总解析"中的阐述可知，该问题是一个纯理论性质的问题。应对威胁或可能给项目目标带来消极影响的风险，可采用（上报）、（回避）、（转移）、（减轻）和（接受）五种策略。**（问题难度：★★★）**

二、参考答案

应对威胁或可能给项目目标带来消极影响的风险，可采用（上报）、（回避）、（转移）、（减轻）和（接受）五种策略。

2020.11 试题四

【说明】阅读下列材料，请回答问题 1 至问题 3。

案例描述及问题

A 公司近期计划启动一个系统集成项目，合同额预计 5000 万元左右。公司领导安排小张负责项目立项准备工作。小张组织相关技术人员对该项目进行可行性研究，认为该项目基本可行，并形成一份初步可行性研究报告，通过了公司内部评审。

一个月后，项目审批通过。A 公司迅速组织召开项目招标会。共收到 8 家单位的投标书，评标委员会专家共有 6 人，其中经济和技术领域专家共 3 人。评标结束后，评标委员会公布了 4 个中标候选人。中标结果公示 2 天后，A 公司最终选定施工经验丰富的 B 公司中标。

【问题 1】（7 分）

结合案例，请指出 A 公司在项目立项及招投标阶段中工作不合理的地方。

【问题 2】（5 分）

请简述项目的可行性研究的内容。

【问题 3】（5 分）（为与新教程知识体系保持一致性，编者对该问题进行了修改）

结合案例，判断下列选项的正误（正确的选项填写"√"，错误的选项填写"×"）。

（1）项目建议与立项申请、初步可行性研究、详细可行性研究、项目评估与决策是项目投资前期的 4 个阶段。　　　　　　　　　　　　　　　　　　　　　　　　　（　　）

（2）招标人有权自行选择招标代理机构，委托其办理招标事宜。　　　　　　（　　）

（3）国有资金占控股或者占主导地位的且依照国家有关规定必须进行招标的项目，必须公开招标。　　　　　　　　　　　　　　　　　　　　　　　　　　　　　（　　）

（4）投标人少于 5 个的，不得开标；招标人应当重新招标。　　　　　　　　（　　）

（5）履约保证金不能超过中标合同金额的 10%。　　　　　　　　　　　　　（　　）

答题思路总解析

从本案例提出的三个问题可以判断出：该案例分析主要考查的是项目立项管理。根据"案例描述及问题"中画"＿＿＿"的文字并结合项目管理经验，我们可以推断出 A 公司在项目立项及招投标阶段中工作不合理的地方主要有：①立项流程不健全，缺少详细的可行性研究等环节；②没有编写详细的可行性研究报告；③立项评审做得不到位，只进行了内部评审（这三点从"小张组织相关技术人员对该项目进行可行性研究，认为该项目基本可行，并形成一份初步可行性研究报告，通过了公司内部评审"可以推导出）；④评标委员会的专家人数不符合招投标法；⑤评标委员会专家中经济和技术领域的专家人数也不符合招投标法（这两点从"评标委员会专家共有 6 人，其中经济和技术领域的专家共 3 人"可以推导出）；⑥中标候选人不应该超过 3 个（这点从"评标委员会公布了

4 个中标候选人"可以推导出）；⑦中标结果公示期只有 2 天，法律规定不得少于 3 天；⑧不能因为 B 公司施工经验丰富就选定其中标，应该选定评分第一的候选人为中标人（这两点从"中标结果公示 2 天后，A 公司最终选定施工经验丰富的 B 公司中标"可以推导出）（用于回答【问题1】）。【问题2】和【问题3】考查的是项目立项管理方面的理论知识。（案例难度：★★★）

【问题 1】答题思路解析及参考答案

一、答题思路解析

根据"答题思路总解析"中的阐述可知，该项目在立项及招投标阶段的工作不合理的地方主要有 8 点。（问题难度：★★★）

二、参考答案

A 公司在项目立项及招投标阶段的工作不合理的地方主要有：

（1）立项流程不健全，缺少详细的可行性研究等环节。

（2）没有编写详细可行性研究报告。

（3）立项评审做得不到位，只进行了内部评审。

（4）评标委员会专家人数不符合招投标法。

（5）评标委员会的专家中经济和技术领域的专家人数也不符合招投标法。

（6）中标候选人不应该超过 3 个。

（7）中标结果公示期只有 2 天，法律规定不得少于 3 天。

（8）不能因为 B 公司施工经验丰富就选定其中标，应该选定评分第一的候选人为中标人。

【问题 2】答题思路解析及参考答案

一、答题思路解析

根据"答题思路总解析"中的阐述可知，该问题是一个纯理论性质的问题，项目可行性研究的内容有：技术可行性分析、经济可行性分析、社会效益可行性分析、运行环境可行性分析以及其他方面的可行性分析等。（问题难度：★★★）

二、参考答案

项目可行性研究的内容有：技术可行性分析、经济可行性分析、社会效益可行性分析、运行环境可行性分析以及其他方面的可行性分析等。

【问题 3】答题思路解析及参考答案

一、答题思路解析

根据"答题思路总解析"中的阐述可知，该问题是一个纯理论性质的问题。项目建议与立项申请、初步可行性研究、详细可行性研究、项目评估与决策是项目投资前期的 4 个阶段，所以（1）正确；招标人有权自行选择招标代理机构，委托其办理招标事宜（《中华人民共和国招标投标法》第十二条），所以（2）正确；国有资金占控股或者占主导地位的且依照国家有关规定必须进行招标的项目，应当公开招标，但特殊情形下，可以邀请招标，所以（3）错误；投标人少于 3 个的，不得开标，招标人应当重新招标，所以（4）错误；履约保证金不能超过中标合同金额的 10%，所以（5）正确。（**问题难度：★★★**）

二、参考答案

（1）项目建议与立项申请、初步可行性研究、详细可行性研究、项目评估与决策是项目投资前期的 4 个阶段。　　　　　　　　　　　　　　　　　　　　　　　　　　　（√）

（2）招标人有权自行选择招标代理机构，委托其办理招标事宜。　　　　　　　（√）

（3）国有资金占控股或者占主导地位的且依照国家有关规定必须进行招标的项目，必须公开招标。　　　　　　　　　　　　　　　　　　　　　　　　　　　　　（×）

（4）投标人少于 5 个的，不得开标；招标人应当重新招标。　　　　　　　　　（×）

（5）履约保证金不能超过中标合同金额的 10%。　　　　　　　　　　　　　　（√）

2021.05 试题一

【说明】阅读下列材料，请回答问题 1 至问题 3。

案例描述及问题

某银行计划开发一套信息系统，为了保证交付质量，银行指派小张作为项目的质量保证工程师。

项目开始后，小张开始对该项目的质量管理进行规划，并依据该项目的需求文件、干系人登记册、事业环境因素和组织过程资产制订了项目的质量管理计划，质量管理计划完成后直接发给了项目经理和质量部主管，并打算按照质量管理计划的安排对项目进行质量检查。

项目执行过程中，小张依据质量管理计划，利用质量工具，将组织的控制目标作为上下控制界限，监测项目的进度偏差、缺陷密度等度量指标，定期收集数据，以便帮助确定项目管理过程是否受控。

小张按照质量管理计划进行检查时，出现多次检查点和项目实际不一致的情况。例如，针对设计说明书进行检查时，设计团队反馈设计说明书应在两周后提交；针对编码完成情况进行检查时，开发团队反馈代码已经测试完成并正式发布。

【问题 1】（8 分）
结合案例，请简要分析小张在做质量规划时存在的问题。

【问题 2】（5 分）（为与新教程知识体系保持一致性，编者对该问题进行了修改）
控制质量过程通常会用到哪四种数据表现工具，并指出在本案例中小张用的是哪种工具。

【问题 3】（5 分）（为与新教程知识体系保持一致性，编者对该问题进行了修改）
请给出下面①～⑤的答案。

（1）　①　过程的主要作用是促进质量过程的改进。

（2）测量指标的可允许变动范围称为　②　。

（3）　③　是一种结构化工具，通常具体列出各项内容，用来核实所要求的一系列步骤是否已得到执行。

（4）GB/T 19001 对质量的定义为：一组　④　满足要求的程度。

（5）　⑤　包含可能影响质量要求的各种威胁和机会的信息。

答题思路总解析

从本案例提出的三个问题可以判断出：该案例分析主要考查的是项目质量管理。"案例描述及问题"中画"＿＿"的文字是该项目已经出现的**问题**：即"小张按照质量管理计划进行检查时，出现多次检查点和项目实际不一致的情况。例如，针对设计说明书进行检查时，设计团队反馈设计说明书应在两周后提交；针对编码完成情况进行检查时，开发团队反馈代码已经测试完成并正式发布"。根据这些问题和"案例描述及问题"中画"＿＿"的文字，并结合项目管理经验，从质量规划的角度，可以推断出：①不能仅由一个人制订质量管理计划；②制订质量管理计划时的依据不够全面，还应该参考项目管理计划及其相关子计划；③质量管理计划没有通过评审（这三点从"小张开始对该项目的质量管理进行规划，并依据该项目的需求文件、干系人登记册、事业环境因素和组织过程资产制订了项目质量管理计划，质量管理计划完成后直接发给了项目经理和质量部主管"可以推导出）；④组织的控制目标不应该设置为上下控制界限，应该设置为上下规格界限（这点从"将组织的控制目标作为上下控制界限"可以推导出）；⑤只做了质量控制，没有做质量保证（这点从"小张按照质量管理计划，通过质量核对单进行检查，把全部精力投入到项目交付成果的质量控制中"可以推导出）；⑥质量管理计划与进度基准脱节（这点从"小张按照质量管理计划进行检查时，出现多次检查点和项目实际不一致的情况。例如，针对设计说明书进行检查时，设计团队反馈设计说明书应在两周后提交；针对编码完成情况进行检查时，开发团队反馈代码已经测试完成并正式发布"可以推导出）等是导致项目出现"小张按照质量管理计划进行检查时，出现多次检查点和项目实际不一致的情况。"的主要**原因**（这些原因用于回答【问题1】）。【问题2】需要将理论结合本项目实践来回答；【问题3】考的是项目质量管理方面的理论知识。（**案例难度：★★★**）

【问题1】答题思路解析及参考答案

一、答题思路解析

根据"答题思路总解析"中的阐述可知，从质量规划的角度，该项目存在的问题主要有5点。（**问题难度：★★★**）

二、参考答案

从质量规划的角度，该项目存在的问题主要有：

（1）不能仅由一个人制订质量管理计划。

（2）制订质量管理计划时的依据不够全面，还应该参考项目管理计划及其相关的子计划。

（3）质量管理计划没有通过评审。

（4）组织的控制目标不应该设置为上下控制界限，应该设置为上下规格界限。

（5）质量管理计划与进度基准脱节。

【问题 2】答题思路解析及参考答案

一、答题思路解析

根据"答题思路总解析"中的阐述，该问题需要将理论结合本项目实践来回答，七种质量管理工具是：因果图、流程图、核查表、直方图、帕累托图、控制图和散点图。本案例小张用的是控制图。（**问题难度：★★★**）

二、参考答案

控制质量过程常用的数据表现工具是：因果图、直方图、控制图和散点图。本案例小张用的是控制图。

【问题 3】答题思路解析及参考答案

一、答题思路解析

根据"答题思路总解析"中的阐述可知，该问题是一个纯理论性质的问题，比较容易回答。（**问题难度：★★★**）

二、参考答案

（1）管理质量过程的主要作用是促进质量过程改进。

（2）测量指标的可允许变动范围称为公差。

（3）质量核对单是一种结构化的工具，通常需要具体列出各项内容，用来核实所要求的一系列步骤是否已得到执行。

（4）GB/T 19001 对质量的定义为：一组固有特性满足要求的程度。

（5）风险登记册包含可能影响质量要求的各种威胁和机会的信息。

2021.05 试题三

【说明】阅读下列材料，请回答问题 1 至问题 3。

案例描述及问题

A 公司承接了可视化系统建设项目，工作内容包括基础环境改造、软硬件采购和集成适配、系统开发等，任命小刘为项目经理。

小刘与公司相关负责人进行沟通，从各部门抽调了近期未安排任务的员工组建了项目团队，并指派一名质量工程师编写项目的人力资源管理计划，为了简化管理工作，小刘对团队成员采用相同的考核指标和评价方式。同时承诺满足考核要求的成员将得到奖金。考虑到项目成员长期加班，小刘向公司申请了加班补贴，并申请了一个大的会议室作为集中办公地点。

项目实施中期的一次月度例会上，部分成员反馈：

1. 加班过多，对家庭和生活造成影响。

2. 绩效奖金分配不合理；小刘认为公司已按国家劳动法支付了加班费用，项目成员就应该按照要求加班。同时，绩效考核过程是公开的、透明的，奖金的多少与个人努力有关，因此针对这些不满，小刘并没有理会。

项目实施一段时间后，项目成员士气低落，部分员工离职，同时，出现特殊情况导致项目组无法现场集中办公，需要采用远程办公的方式，如此种种事先未预料的情况发生，小刘紧急协同各技术部门抽调人员救火，但是项目进度依然严重落后，客户表示不满。

【问题1】（8分）（为与新教程知识体系保持一致性，编者对该问题进行了修改）

结合案例，请指出项目在资源管理方面存在的问题。

【问题2】（4分）

结合案例，采取远程办公后，项目经理在沟通管理过程中，应该做哪些调整？

【问题3】（3分）（为与新教程知识体系保持一致性，编者对该问题进行了修改）

判断以下选项的正误（正确的选项填写"√"，错误的选项填写"×"）。

（1）在获取资源的过程中，如果人力资源不足或人员能力不足会降低项目成功的概率，甚至可能导致项目取消。　　　　　　　　　　　　　　　　　（　　）

（2）项目的资源管理计划的编制应在项目管理计划之前完成。（　　）

（3）解决冲突的方法包括解决问题、强迫、妥协、包容、撤退。（　　）

答题思路总解析

从本案例提出的三个问题，可以判断出：该案例分析主要考查的是项目的资源管理和沟通管理。"案例描述及问题"中画"＿＿"的文字是该项目已经出现的**问题**：即"项目成员士气低落，部分员工离职；项目进度依然严重落后，客户表示不满"。根据"案例描述及问题"中画"＿＿"的文字，并结合项目管理经验，可以推断出本项目在人力资源管理中存在的问题主要有：①人力资源管理计划的编制存在问题，不应该由质量工程师编写（这点从"指派一名质量工程师编写项目的人力资源管理计划"可以推导出）；②绩效考核办法不合理，针对承担不同工作的员工，不能采用相同的考核指标和评价方式（这点从"小刘对团队成员采用相同的考核指标和评价方式"可以推导出）；③长期加班的工作方式不合适；④绩效考核办法没有得到大家的认同（这两点从"加班过多，对家庭和生活造成影响"和"绩效奖金分配不合理"可以推导出）；⑤针对团队成员反馈的问题，项目经理没有进行及时的处理（这点从"针对这些不满，小刘并没有理会"可以推导出）；⑥没有充分识别出项目在人力资源管理方面的风险（这点从"出现特殊情况导致项目组无法现场集中办公，需要采用远程办公的方式，如此种种事先未预料的情况发生，小刘紧急协同各技术部门抽调人员救火"可以推导出）等是导致项目出现"项目成员士气低落，部分员工离职；项目进度依然严重落后，客户表示不满"的主要原因（用于回答**【问题1】**）。**【问题2】**需要根据案例实际情况来回答；**【问题3】**考查的是项目人力资源管理方面的理论知识。（**案例难度：★★★**）

【问题1】答题思路解析及参考答案

一、答题思路解析

根据"答题思路总解析"中的阐述可知，该项目在资源管理过程中存在的问题主要有 6 点。**（问题难度：★★★）**

二、参考答案

该项目在资源管理过程中存在的问题主要有：

（1）人力资源管理计划的编制存在问题，不应该由质量工程师编写。

（2）绩效考核办法不合理，针对承担不同工作的员工，不能采用相同的考核指标和评价方式。

（3）长期加班的工作方式不合适。

（4）绩效考核办法没有得到大家的认同。

（5）针对团队成员反馈的问题，项目经理没有进行及时的处理。

（6）没有充分识别出项目在人力资源管理方面的风险。

【问题2】答题思路解析及参考答案

一、答题思路解析

根据"答题思路总解析"中的阐述可知，该问题需要根据案例实际情况来回答。采取远程办公后（即虚拟团队），项目经理在沟通管理过程中，应该做如下调整：①根据远程办公的特点，重新调整沟通管理计划；②调整沟通方式，以适用远程办公的要求；③调整沟通频率，以便及时地发现问题和解决问题。**（问题难度：★★★）**

二、参考答案

采取远程办公后，项目经理在沟通管理过程中，应该做如下调整：

（1）根据远程办公的特点，重新调整沟通管理计划。

（2）调整沟通方式，以适用远程办公的要求。

（3）调整沟通频率，以便及时地发现问题和解决问题。

【问题3】答题思路解析及参考答案

一、答题思路解析

根据"答题思路总解析"中的阐述可知，该问题是一个纯理论性质的问题。（1）正确；（2）错误（应该先制订项目的管理计划，然后在项目管理计划的指导下编制项目的资源管理计划）；（3）正确。**（问题难度：★★★）**

二、参考答案

（1）在获取资源的过程中，如果人力资源不足或人员能力不足会降低项目成功的概率，甚至可能导致项目取消。　　　　　　　　　　　　　　　（√）

（2）项目的资源管理计划的编制应在项目管理计划之前完成。　　　　（×）

（3）解决冲突的方法包括问题解决、强迫、妥协、包容、撤退。 （√）

2021.05 试题四

【说明】阅读下列材料，请回答问题 1 至问题 3。

案例描述及问题

某单位（甲方）因业务发展需要，需建设一套智能分析管理信息系统，并将该研发任务委托给长期合作的某企业（乙方）。乙方安排对甲方业务比较了解且有同类项目实施经验的小陈担任项目经理。

考虑到工期比较紧张，小陈连夜加班，参照类似项目文档编制了项目范围说明书，然后安排项目成员向甲方管理层进行需求调研并编制了需求文件。依据项目的范围说明书，小陈将任务分解之后，立即安排项目成员启动了设计开发工作。

在编码阶段进入尾声时，甲方向小陈提出了一个新的功能要求。考虑到该功能实现较为简单，不涉及其他功能模块，小陈答应了客户的要求。

在试运行阶段，发现一个功能模块不符合需求和计划要求，于是小陈立即安排人员进行了补救，虽然耽误了一些时间，但整个项目还是按照客户的要求如期完成。

【问题 1】（8分）

结合案例，请指出该项目在范围管理过程中存在的问题。

【问题 2】（6分）

请列出项目范围管理的主要过程。

【问题 3】（6分）（为与新教程知识体系保持一致性，编者对该问题进行了修改）

从候选答案中选择正确的选项。

工作分解结构是逐层分解的，工作分解结构_____层的要素是整个项目或分项目的最终成果。一般情况下，工作分解结构控制在_____层为宜。_____位于工作分解结构中每条分支最底层的可交付成果或项目组成部分。

    A．工作包   B．最低   C．最高   D．里程碑
    E．4～6   F．中间   G．2～5

答题思路总解析

从本案例提出的三个问题可以判断出：该案例分析主要考查的是项目范围管理。根据"案例描述及问题"中画"___"的文字，并结合项目管理经验，可以推断出本项目范围管理中存在的问题主要有：①没有编制范围管理计划和需求管理计划就直接开始进行收集需求和定义范围的工作；②仅向甲方管理层收集需求，导致需求收集不全面；③收集需求和编写项目范围说明书的步骤不合理，应该是先收集需求后编写项目的范围说明书；④范围定义有问题，仅参照类似项目文档编制了

项目范围说明书（这四点从"考虑到工期比较紧张，小陈连夜加班，参照类似项目文档编制了项目范围说明书，然后安排项目成员向甲方管理层进行需求调研并编制了需求文件"可以推导出）；⑤仅由项目经理小陈一个人进行任务分解不合适，应该让团队相关成员共同参与；⑥工作分解之后形成的范围基准没有经过评审和审批（这两点从"小陈将任务分解之后，立即安排项目成员启动了设计开发工作"可以推导出）；⑦没有按变更流程处理范围变更（这点从"甲方向小陈提出了一个新的功能要求。考虑到该功能实现较为简单，不涉及其他功能模块，小陈答应了客户的要求"可以推导出）；⑧确认项目范围时存在问题，导致到了试运行阶段才发现一个功能模块不符合需求和计划要求（这点从"在试运行阶段，发现一个功能模块不符合需求和计划要求，于是小陈立即安排人员进行了补救"可以推导出）（这些原因用于回答【问题 1】）。【问题 2】和【问题 3】都是纯理论性质的问题。（案例难度：★★★）

【问题 1】答题思路解析及参考答案

一、答题思路解析

根据"答题思路总解析"中的阐述可知，该项目在范围管理过程中存在的问题主要有 8 点。（问题难度：★★★）

二、参考答案

该项目在范围管理过程中存在的问题主要有：

（1）没有编制范围管理计划和需求管理计划就直接开始进行收集需求和定义范围的工作。

（2）仅向甲方管理层收集需求，导致需求收集不全面。

（3）收集需求和编写项目范围说明书的步骤不合理，应该是先收集需求后编写项目范围说明书。

（4）范围定义有问题，仅参照类似项目文档编制了项目范围说明书。

（5）仅由项目经理小陈一个人进行任务分解不合适，应该让团队相关成员共同参与。

（6）工作分解之后形成的范围基准没有经过评审和审批。

（7）没有按变更流程处理范围变更。

（8）确认项目范围时存在问题，导致到了试运行阶段才发现一个功能模块不符合需求和计划要求。

【问题 2】答题思路解析及参考答案

一、答题思路解析

根据"答题思路总解析"中的阐述可知，该问题是一个纯理论性质的问题，范围管理的主要过程有：规划范围管理、收集需求、定义范围、创建 WBS、确认范围和控制范围。（问题难度：★★★）

二、参考答案

范围管理的主要过程有：规划范围管理、收集需求、定义范围、创建 WBS、确认范围和控制范围。

【问题3】答题思路解析及参考答案

一、答题思路解析

根据"答题思路总解析"中的阐述可知，该问题是一个纯理论性质的问题。工作分解结构是逐层分解的，工作分解结构__最低__层的要素是整个项目或分项目的最终成果。一般情况下，工作分解结构控制在__4~6__层为宜。__工作包__位于工作分解结构中每条分支最底层的可交付成果或项目组成部分。（问题难度：★★★）

二、参考答案

工作分解结构是逐层分解的，工作分解结构__B. 最低__层的要素是整个项目或分项目的最终成果。一般情况下，工作分解结构控制在__E. 4~6__层为宜。__A. 工作包__位于工作分解结构中每条分支最底层的可交付成果或项目组成部分。

2021.11 试题一

【说明】阅读下列材料，请回答问题1至问题3。

案例描述及问题

A公司承接了某信息系统的建设项目，任命小张为项目经理。在项目启动阶段，小张编制了风险管理计划，组织召开项目成员会议，对项目风险进行了识别并编制了项目风险清单。随后，小张根据自己多年的项目实施经验，将项目所有的风险按照时间的先后顺序制订了风险应对计划，并亲自负责各项应对措施的执行。风险及应对措施的部分内容如下：

风险1：系统上线后运行不稳定或停机造成业务长时间中断。

应对措施1：系统试运行前开展全面测试。

应对措施2：成立应急管理小组，制订应急预案。

风险2：项目中期人手出现短期不足造成项目延期。

应对措施3：提前从公司其他部门协调人员。

风险3：设备到货发现损坏，影响项目进度。

应对措施4：购买高额保险。

风险4：人员技能不足。

应对措施5：提前安排人员参加原厂技术培训。

......

项目实施过程中，公司相关部门反馈，设备发生损坏的概率低，建议降低保额；原厂培训价格过高，建议改为非原厂培训。小张坚持原计划没有进行调整。系统上线后发生故障停机，由于缺少应急预案造成业务长时间中断，公司高层转达了客户的投诉，也表达了对项目成本管理的不满。

【问题 1】（10 分）（为与新教程知识体系保持一致性，编者对该问题进行了修改）

结合案例，请指出小张在项目风险管理相关过程中存在的问题。

【问题 2】（5 分）

请指出以上案例中提到的应对措施 1～5 分别采用了什么风险应对策略。

【问题 3】（3 分）

请给出下面（1）～（3）的答案。

风险具有一些特性。其中，_____(1)_____指风险是一种不以人的意志为转移，独立于人的意识之外的存在；_____(2)_____指由于信息的不对称，未来风险事件发生与否难以预测；_____(3)_____指风险性质会因时空等各种因素的变化而有所变化。

答题思路总解析

从本案例提出的三个问题，可以判断出：该案例分析主要考查的是项目的风险管理。"案例描述及问题"中画"〜〜〜"的文字是该项目已经出现的**问题**：即"系统上线后发生故障停机，由于缺少应急预案造成业务长时间中断，公司高层转达了客户的投诉，也表达了对项目成本管理的不满"。根据这些问题和"案例描述及问题"中画"___"的文字，并结合项目管理经验，从风险管理的角度，可以推断出：①小张没有邀请项目组相关成员共同编制风险管理计划，风险管理计划可能不科学、不合理（这点从"小张编制了风险管理计划"可以推导出）；②不能仅按照时间的先后顺序进行风险排序；③风险应对措施应该根据风险的性质等不同安排不同的人员负责，不能全部由项目经理一人负责（这两点从"小张根据自己多年的项目实施经验，将项目所有的风险按照时间的先后顺序制订了风险应对计划，并亲自负责各项应对措施的执行"可以推导出）；④没有定期对风险进行跟踪和重新分析（这点从"项目实施过程中，公司相关部门反馈，设备发生损坏的概率低，建议降低保额；原厂培训价格过高，建议改为非原厂培训。小张坚持原计划没有进行调整"可以推导出）；⑤缺少风险应对措施或风险应对不够有效，导致系统上线后业务长时间中断；⑥对风险的控制力度不够（这两点从"系统上线后发生故障停机，由于缺少应急预案造成业务长时间中断"可以推导出）等是导致项目出现"系统上线后发生故障停机，由于缺少应急预案造成业务长时间中断，公司高层转达了客户的投诉，也表达了对项目成本管理的不满"的主要**原因**（这些原因用于回答**【问题 1】**）。

【问题 2】 需要将理论结合本项目实践来回答；**【问题 3】** 考的是项目风险管理方面的理论知识。

（**案例难度：★★★**）

【问题 1】答题思路解析及参考答案

一、答题思路解析

根据"答题思路总解析"中的阐述可知，从风险管理的角度，该项目存在的问题主要有 6 点。

（**问题难度：★★★**）

二、参考答案

小张在风险管理相关过程中存在的问题主要有：

（1）小张没有邀请项目组的相关成员共同编制风险管理计划，风险管理计划可能不科学、不合理，该问题属于规划风险管理过程中的问题。

（2）不能仅按照时间的先后顺序进行风险排序，该问题属于实施定性风险分析过程中的问题。

（3）风险应对措施应该根据风险的性质等不同安排不同的人员负责，不能全部由项目经理一人负责，该问题属于规划风险应对过程中的问题。

（4）没有定期对风险进行跟踪和重新分析；该问题属于控制风险过程中的问题。

（5）缺少风险应对措施或风险应对不够有效，导致系统上线后业务长时间中断，该问题属于规划风险应对过程中的问题。

（6）风险控制的力度不够，该问题属于控制风险过程中的问题。

【问题2】答题思路解析及参考答案

一、答题思路解析

根据"答题思路总解析"中的阐述可知，该问题需要将理论结合本项目实践来回答。应对措施1：系统试运行前开展全面测试，属于减轻策略；应对措施2：成立应急管理小组，制订应急预案，属于接受策略；应对措施3：提前从公司其他部门协调人员，属于减轻策略；应对措施4：购买高额保险，属于转移策略；应对措施5：提前安排人员参加原厂技术培训，属于减轻策略。（**问题难度：★★★**）

二、参考答案

应对措施1：系统试运行前开展全面测试，属于减轻策略；应对措施2：成立应急管理小组，制订应急预案，属于接受策略；应对措施3：提前从公司其他部门协调人员，属于减轻策略；应对措施4：购买高额保险，属于转移策略；应对措施5：提前安排人员参加原厂技术培训，属于减轻策略。

【问题3】答题思路解析及参考答案

一、答题思路解析

根据"答题思路总解析"中的阐述可知，该问题是一个纯理论性质的问题，比较容易回答。（**问题难度：★★★**）

二、参考答案

风险具有一些特性。其中，（客观性）指风险是一种不以人的意志为转移，独立于人的意识之外的存在；（偶然性）指由于信息的不对称，未来风险事件发生与否难以预测；（相对性）指风险性质会因时空等各种因素的变化而有所变化。

2021.11 试题三

【说明】阅读下列材料，请回答问题1至问题3。

案例描述及问题

A 公司承接了某系统集成项目，任命小王为项目经理。在项目初期，小王制订并发布了项目管理计划。公司派小张作为质量保证工程师（QA）进入项目组，小张按照项目管理计划进行质量控制活动，当执行到测试阶段时，发现成本超预算 10%。小张和项目组进行统计并分析出了五个成本超出预算的问题：

（1）新入职的开发人员小王效率低，超支 0.5%。

（2）测试时需求 A 的实现存在设计问题，超支 2%。

（3）用户增加新需求，超支 2.5%。

（4）模块 B 返工问题，超支 3.5%。

（5）其他问题超支 1.5%。

小张绘制了垂直条形图识别出了造成成本超预算的主要原因，并制订了改进措施，在剩余的 2 个月内利用质量管理工具，将改进措施按照有效性的高低进行排序并严格执行，最终将成本偏差控制在了风险控制点的 15%以内。

【问题 1】（5 分）

请结合案例，小张按照项目的管理计划进行质量控制，依据是否充分？如果不充分，请补充其他依据。

【问题 2】（7 分）

（1）请说明小张使用的是哪种质量管理工具，并写出其质量管理的原理。

（2）请依据（1）中质量管理的原理，列出首先要解决的问题。

【问题 3】（5 分）（为与新教程知识体系保持一致性，编者对该问题进行了修改）

判断下列选项的正误（正确的选项填写"√"，错误的选项填写"×"）。

（1）菲利普·克劳士比提出"零缺陷"的概念，他指出"质量是免费的"。　　　　（　　）

（2）一个高等级、低质量的软件产品，适合一般使用，可以被认可。　　　　（　　）

（3）质量管理计划可以是正式的，也可以是非正式的；可以是非常详细的，也可以是高度概括的。　　　　（　　）

（4）测试成本属于不一致性成本。　　　　（　　）

（5）在实际质量管理过程中，多种质量管理工具可以综合使用，例如可以利用树形图产生的数据来绘制关联图。　　　　（　　）

答题思路总解析

从本案例提出的三个问题，可以判断出：该案例分析主要考查的是项目质量管理。**【问题 1】**是纯理论性质的问题；**【问题 2】**需要将理论结合本项目的实践来回答；**【问题 3】**考查的是项目质量管理方面的理论知识。**（案例难度：★★★）**

【问题 1】答题思路解析及参考答案

一、答题思路解析

控制质量的依据（即控制质量过程的输入）有项目管理计划、工作绩效数据、批准的变更请求、可交付成果、项目文件、事业环境因素、组织过程资产等，因此小张仅按照项目的管理计划来进行质量控制，依据是不充分的。（**问题难度：★★★**）

二、参考答案

小张按照项目的管理计划进行质量控制，依据是不充分的。其他依据还有：工作绩效数据、批准的变更请求、可交付成果、项目文件、事业环境因素、组织过程资产等。

【问题 2】答题思路解析及参考答案

一、答题思路解析

根据"答题思路总解析"中的阐述，小张使用的是帕累托图，使用帕累托图进行质量管理的原理是：帕累托图是一种特殊的垂直条形图，用于识别造成大多数问题的少数重要原因。找出少数重要原因后，首先采取措施来纠正造成最多数量缺陷的问题，即我们通常谈到的 80:20 原则（80%的问题是由 20%少数的原因引起的）。首先要解决的问题是模块 B 返工问题。（**问题难度：★★★**）

二、参考答案

（1）小张使用的是帕累托图。使用帕累托图进行质量管理的原理是：帕累托图是一种特殊的垂直条形图，用于识别造成大多数问题的少数重要原因。找出少数重要原因后，首先采取措施来纠正造成最多数量缺陷的问题，即我们通常谈到的 80:20 原则（80%的问题是由 20%少数的原因引起的）。

（2）首先要解决的问题是模块 B 返工问题。

【问题 3】答题思路解析及参考答案

一、答题思路解析

根据"答题思路总解析"中的阐述可知，该问题是一个纯理论性质的问题。（1）正确；低质量是问题，不能被认可，（2）错误；（3）正确；测试成本属于一致性成本，（4）错误；（5）正确。（**问题难度：★★★**）

二、参考答案

（1）菲利普·克劳士比提出"零缺陷"的概念，他指出"质量是免费的"。　　　　　　　（√）

（2）一个高等级、低质量的软件产品，适合一般使用，可以被认可。　　　　　　　（×）

（3）质量管理计划可以是正式的，也可以是非正式的；可以是非常详细的，也可以是高度概括的。　　　　　　　　　　　　　　　　　　　　　　　　　　　　　　　　（√）

（4）测试成本属于非一致性成本。　　　　　　　　　　　　　　　　　　　　　　（×）

（5）在实际质量管理过程中，多种质量管理工具可以综合使用，例如可以利用树形图产生的数据来绘制关联图。　　　　　　　　　　　　　　　　　　　　　　　　　　　　（√）

2021.11 试题四

【说明】 阅读下列材料，请回答问题 1 至问题 3。

案例描述及问题

A 公司承接了某金融行业用户（甲方）信息系统建设项目，服务内容涉及咨询、开发、集成、运维等。公司任命技术经验丰富的张伟担任项目经理，张伟协调咨询部、研发部、集成部、运维部等部门负责人，抽调相关人员加入项目组。考虑到该项目涉及甲方单位多个部门，为使沟通简便、高效，张伟编制了干系人清单，包括甲方各层级管理人员及技术人员、公司高层人员以及项目组成员。同时，计划采用电子邮件方式，每周群发周报给所有项目干系人。周报内容涵盖每周工作内容、项目进度情况、质量情况、问题/困难、需要甲方单位配合及决策的各类事宜等。

在项目团队内部，采用项目例会的方式进行沟通。项目实施过程中，个别项目成员联系张伟，希望能单独沟通个人发展及工作安排问题，张伟建议将问题在月度例会上提出。在月度例会上，部分项目成员抱怨自己承担的项目工作经常与所在部门年初制订的培训工作及团队建设活动冲突，对个人发展不利。为了避免造成负面影响，张伟制止了这些项目成员的发言。之后，张伟向公司高层抱怨相关部门的培训团建等工作总与项目安排产生冲突，建议相关部门作出调整。高层不认可张伟的说法，建议张伟加强项目的沟通管理。

【问题 1】（12 分）

（1）结合案例，请补充干系人清单。

（2）请指出张伟沟通管理中存在的问题。

【问题 2】（4 分）

请指出项目干系人管理包括哪些内容。

【问题 3】（4 分）

在下图的权力/利益矩阵中，针对 ＿＿(1)＿＿ 区域的干系人，项目经理应该"重点管理，及时报告"，采取有力的行动让其满意；针对 ＿＿(2)＿＿ 区域的干系人，项目经理应该"随时告知"项目状况，以维持干系人的满意度；针对 ＿＿(3)＿＿ 区域的干系人，项目经理应该"令其满意"，争取支持；针对 ＿＿(4)＿＿ 区域的干系人，项目经理主要通过"花最少的精力来监督他们"即可。

请将区域代号（A、B、C、D）对应填写到（1）～（4）处。

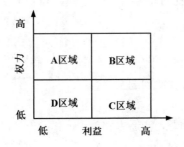

答题思路总解析

从本案例提出的三个问题可以判断出：该案例分析主要考查的是项目的沟通管理和干系人管理。根据"案例描述及问题"中画"_____"的文字（"A公司承接了某金融行业用户（甲方）信息系统建设项目""张伟协调咨询部、研发部、集成部、运维部等部门负责人抽调相关人员加入项目组""张伟编制了干系人清单，包括甲方各层级管理人员及技术人员、公司高层人员以及项目组成员"），我们知道，干系人清单中至少还可以补充"甲方用户"和"咨询部、研发部、集成部、运维部的负责人"，这就是【问题1】第（1）小问的答案。根据"案例描述及问题"中画"___"的文字，并结合项目管理经验，从沟通管理的角度，可以推断出：①没有制订沟通管理计划；②沟通方式单一，只采用电子邮件的方式沟通；③采用群发周报的形式，没有针对不同干系人的沟通需求提供他们所需要的信息（这三点从"计划采用电子邮件方式，每周群发周报给所有项目干系人"可以推导出）；④对项目成员提出的沟通需求没有给出正确的处理（这点从"项目实施过程中，个别项目成员联系张伟，希望能单独沟通个人发展及工作安排问题，张伟建议将问题在月度例会上提出"可以推导出）；⑤采用强制性的手段制止项目成员的抱怨（这点从"在月度例会上，部分项目成员抱怨自己承担的项目工作经常与所在部门年初制订的培训工作及团队建设活动冲突，对个人发展不利。为了避免造成负面影响，张伟制止了这些项目成员的发言"可以推导出）；⑥与各部门沟通存在问题，导致项目工作与相关部门的工作发生冲突；⑦与高层沟通存在问题，没有获得高层的支持；（这两点从"在月度例会上，部分项目成员抱怨自己承担的项目工作经常与所在部门年初制订的培训工作及团队建设活动冲突"和"之后，张伟向公司高层抱怨相关部门的培训团建等工作总与项目安排产生冲突，建议相关部门作出调整。高层不认可张伟的说法"可以推导出）。这7点原因用于回答【问题1】的第（2）小问。【问题2】和【问题3】考查的是项目沟通管理方面的理论知识。（案例难度：★★★）

【问题1】答题思路解析及参考答案

一、答题思路解析

根据"答题思路总解析"中的阐述可知，干系人清单中至少还可以补充"甲方用户"和"咨询部、研发部、集成部、运维部的负责人"。

根据"答题思路总解析"中的阐述可知，从沟通管理的角度，该项目存在的问题主要有7点。
（问题难度：★★★）

二、参考答案

（1）干系人清单中补充："甲方用户"和"咨询部、研发部、集成部、运维部的负责人"。

（2）该项目沟通管理方面存在的问题主要有：

1）没有制订沟通管理计划。

2）只采用电子邮件的方式沟通，沟通方式单一。

3）采用群发周报的形式，没有针对不同干系人的沟通需求提供他们所需要的信息。

4）对项目成员提出的沟通需求没有给出正确的处理。

5）采用强制性的手段制止项目成员的抱怨。

6）与各部门沟通存在问题，导致项目工作与相关部门的工作发生冲突。

7）与高层沟通存在问题，没有获得高层的支持。

【问题 2】答题思路解析及参考答案

一、答题思路解析

根据"答题思路总解析"中的阐述，该问题属于纯理论性质的问题，干系人管理包括识别干系人、规划干系人参与、管理干系人参与、监督项目干系人参与。**（问题难度：★★★）**

二、参考答案

干系人管理包括的内容有：识别干系人、规划项目参与、管理干系人参与、监督干系人参与。

【问题 3】答题思路解析及参考答案

一、答题思路解析

根据"答题思路总解析"中的阐述可知，该问题是一个纯理论性质的问题。针对（B）区域的干系人，项目经理应该"重点管理，及时报告"，采取有力的行动让其满意；针对（C）区域的干系人，项目经理应该"随时告知"项目状况，以维持干系人的满意度；针对（A）区域的干系人，项目经理应该"令其满意"，争取支持；针对（D）区域的干系人，项目经理主要通过"花最少的精力来监督他们"即可。**（问题难度：★★★）**

二、参考答案

针对（B）区域的干系人，项目经理应该"重点管理，及时报告"，采取有力的行动让其满意；针对（C）区域的干系人，项目经理应该"随时告知"项目状况，以维持干系人的满意度；针对（A）区域的干系人，项目经理应该"令其满意"，争取支持；针对（D）区域的干系人，项目经理主要通过"花最少的精力来监督他们"即可。

2022.05（全国）试题一

【说明】 阅读下列材料，请回答问题 1 至问题 3。

案例描述及问题

某企业食堂有多个档口供员工选择餐食，员工使用现金进行支付。为了更方便员工就餐，现需要将食堂进行升级改造。升级改造的主要内容为：

- 选餐区采用统一的入口，入口处放置餐盘和餐具。
- 增加收费软件系统，员工使用饭卡进行支付。

- 所有档口统一使用智能碗碟，碗碟配备 FID 芯片，预置收费金额。
- 选餐区设置统一出口，出口设置识别和支付一体机台，餐盘放上后自动计算总金额，员工直接刷卡支付。
- 新增服务台，提供充值服务。

项目组 A 承接了此项目，整个项目预计 3 个月完成。

【问题 1】（5 分）

请简述创建工作分解结构的过程。

【问题 2】（10 分）

结合案例：

（1）请写出常用的两种 WBS 的表示形式。（2 分）

（2）请指出以下 WBS 存在的问题。（8 分）

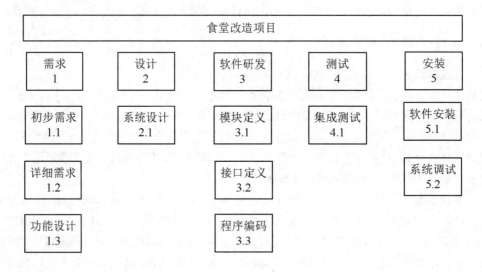

【问题 3】（4 分）

请给出下面①～③的答案。

（1）　①　标志着某个可交付成果或者阶段的正式完成。

（2）某个交付成果如果规模较小可在　②　小时完成，或逻辑上不能再分，或所需资源、时间、成本具有可估算、可控制的特征，那么它就可能被当作　③　。　③　的编码设计与　①　存在对应关系、其每一层代表编码的某一位数，有一个分配给它特定的代码数字。

答题思路总解析

从本案例提出的三个问题，可以判断出：该案例分析主要考查的是项目范围管理。**【问题 1】**、**【问题 2】**的第（1）小问和**【问题 3】**是纯理论性质的问题，**【问题 2】**的第（2）小问需要将理论结合本项目的实践来回答。**（案例难度：★★★）**

【问题 1】答题思路解析及参考答案

一、答题思路解析

根据"答题思路总解析"中的阐述可知，该问题属于理论性质的问题。创建工作分解结构的过程：①识别和分析可交付成果及相关工作；②确定 WBS 的结构和编排方法；③自上而下逐层细化分解；④为 WBS 组件制订和分配标识编码；⑤核实可交付成果分解的程度是否恰当。（**问题难度：★★★**）

二、参考答案

创建工作分解结构的过程：

（1）识别和分析可交付成果及相关工作。

（2）确定 WBS 的结构和编排方法。

（3）自上而下逐层细化分解。

（4）为 WBS 组件制订和分配标识编码。

（5）核实可交付成果分解的程度是否恰当。

【问题 2】答题思路解析及参考答案

一、答题思路解析

根据"答题思路总解析"中的阐述可知，该问题第（1）小问属于理论性质的问题。常用的两种 WBS 的表示形式：分级的树型结构和表格形式。根据【问题 2】中给出的 WBS，可以找出该 WBS 存在的问题有：①WBS 中没有包括项目管理工作；②功能设计不应该分解在需求下面，应该分解在设计下面；③测试分解得不够完整，应该还有单元测试、系统测试等；④安装分解得不够完整，应该还有软件使用培训工作。（**问题难度：★★★**）

二、参考答案

（1）常用的两种 WBS 的表示形式：分级的树型结构和表格形式。

（2）该 WBS 存在的问题有：

1）WBS 中没有包括项目管理工作。

2）功能设计不应该分解在需求下面，应该分解在设计下面。

3）测试分解得不够完整，应该还有单元测试、系统测试等。

4）安装分解得不够完整，应该还有软件使用培训工作。

【问题 3】答题思路解析及参考答案

一、答题思路解析

根据"答题思路总解析"中的阐述可知，该问题属于理论性质的问题。里程碑标志着某个可交付成果或者阶段的正式完成。某个交付成果如果规模较小可在 80 小时完成，或逻辑上不能再分，或所需资源、时间、成本具有可估算、可控制的特征，那么它就可能被当作工作包。工作包的编码

设计与里程碑存在对应关系、其每一层代表编码的某一位数，有一个分配给它特定的代码数字。(**问题难度：★★★**)

二、参考答案

（1）（里程碑）标志着某个可交付成果或者阶段的正式完成。

（2）某个交付成果如果规模较小可在（80）小时完成，或逻辑上不能再分，或所需资源、时间、成本具有可估算、可控制的特征，那么它就可能被当作（工作包）。（工作包）的编码设计与里程碑存在对应关系、其每一层代表编码的某一位数，有一个分配给它特定的代码数字。

2022.05（全国）试题三

【说明】 阅读下列材料，请回答问题 1 至问题 3。

案例描述及问题

某公司开发一套信息管理系统，指定小王担任项目经理。由于项目工期紧张且数据库开发工作任务量大，小王紧急招聘了两名在校生兼职负责数据库开发工作，项目需求确定后，公司根据疫情防控要求采用居家方式办公。小王认为居家办公更强调团队成员的个人责任，让团队成员自行决策相关事宜，原定的技术交流、项目例会暂时取消。

疫情好转，公司正常办公后，小王召集团队成员开项目会议，发现项目的实际执行情况远落后于预期进度，团队成员对需求的理解有许多不一致的地方，且数据库的设计不符合公司设计规范要求，团队成员反馈，需求文档中行业术语太多难以理解、相关规范性文件无处查询且居家办公效率太低。

为赶进度，小王要求项目组全体人员加班赶工，引发部分员工不满。老张认为已经按时完成任务，加班对自己不公平，坚决不加班，引起项目组其他人员的不满，与老张在例会上直接发生了争执，因老张为核心人员，小王默许老张的这种行为。

【问题 1】（6分）（为与新教程知识体系保持一致性，编者对该问题进行了修改）
结合案例，请指出小王在资源管理方面存在的问题。

【问题 2】（7分）
（1）请写出常用的冲突管理解决方法。
（2）结合案例，当遇到案例中老张这种情况时，应采取以上哪些方法。

【问题 3】（3分）
判断下列选项的正误(填写在答题纸的对应栏内,正确的选项填写"√",错误的选项填写"×")。
（1）虚拟团队模式使人们有可能让行动不便或残疾人纳入团队。 （　　）
（2）冲突是不可避免的，是项目成员的个人问题。 （　　）
（3）项目团队的建设一般要经历形成、震荡、规范、成熟及解散阶段，即使团队成员曾经共事过，项目团队建设也不能跳过某些阶段。 （　　）

答题思路总解析

从本案例提出的三个问题，可以判断出：该案例分析主要考查的是项目资源管理。根据"案例描述及问题"中画"＿＿"的文字，并结合项目管理经验，我们可以推断出，小王在资源管理方面存在的问题主要有：①新招聘的在校生可能存在能力和经验不足的情况（这点从"小王紧急招聘了两名在校生兼职负责数据库开发工作"可以推导出）；②居家办公期间缺乏有效的交流与沟通（这点从"让团队成员自行决策相关事宜，原定的技术交流、项目例会暂时取消"可以推导出）；③居家办公期间没有约定和使用一些基本的工作规则；④未对团队进行相应的培训，导致需求理解不一致和难以理解一些行业术语（这两点从"小王召集团队成员开项目会议，发现项目的实际执行情况远落后于预期进度，团队成员对需求的理解有许多不一致的地方，且数据库的设计不符合公司设计规范要求，团队成员反馈，需求文档中行业术语太多难以理解、相关规范性文件无处查询且居家办公效率太低"可以推导出）；⑤安排加班时没有征求大家意见，没有配套的激励措施，导致大家不满（这点从"小王要求项目组全体人员加班赶工，引发部分员工不满"可以推导出）；⑥团队管理存在问题，导致一些成员在例会上直接与老张发生争执；⑦没有在技能上进行人才备份，导致受制于核心人员；⑧当一些成员在例会上与老张发生争执时，小王处理方式不对（这两点从"老张为核心人员，小王默许老张的这种行为"可以推导出）。这 8 点用于回答【问题 1】，【问题 2】的第（1）小问和【问题 3】是纯理论性质的问题，【问题 2】的第（2）小问需要将理论结合本项目的实践来回答。（**案例难度：★★★**）

【问题 1】答题思路解析及参考答案

一、答题思路解析

根据"答题思路总解析"中的阐述可知，小王在资源管理方面存在的问题主要有 8 点。（**问题难度：★★★**）

二、参考答案

小王在资源管理方面存在的问题主要有：

（1）新招聘的在校生可能存在能力和经验不足的情况。

（2）居家办公期间缺乏有效的交流与沟通。

（3）居家办公期间没有约定和使用一些基本的工作规则。

（4）未对团队进行相应的培训，导致需求理解不一致和难以理解一些行业术语。

（5）安排加班时没有征求大家意见，没有配套的激励措施，导致大家不满。

（6）团队管理存在问题，导致一些成员在例会上直接与老张发生争执。

（7）没有在技能上进行人才备份，导致受制于核心人员。

（8）当一些成员在例会上与老张发生争执时，小王处理方式不对。

【问题2】答题思路解析及参考答案

一、答题思路解析

根据"答题思路总解析"中的阐述可知，该问题的第（1）小问是理论问题，第（2）小问需要结合案例来判断。常用的冲突管理解决方法有：问题解决、强迫、妥协、包容和撤退。针对案例中老张这种情况，应采取问题解决的方法。（**问题难度：★★★**）

二、参考答案

（1）常用的冲突管理解决方法有：问题解决、强迫、妥协、包容和撤退。

（2）针对案例中老张这种情况，应采取问题解决的方法。

【问题3】答题思路解析及参考答案

一、答题思路解析

根据"答题思路总解析"中的阐述可知，该问题是理论性质的问题。（1）正确；冲突不都是项目成员的个人问题，（2）错误；如果团队成员曾经共事过，项目团队建设可以跳过某些阶段，（3）错误。（**问题难度：★★★**）

二、参考答案

（1）虚拟团队模式使人们有可能让行动不便或残疾人纳入团队。　　　　　　（ √ ）

（2）冲突是不可避免的，是项目成员的个人问题。　　　　　　　　　　　（ × ）

（3）项目团队的建设一般要经历形成、震荡、规范、成熟及解散阶段，即使团队成员曾经共事过，项目团队建设也不能跳过某些阶段。　　　　　　　　　　　　　　　　（ × ）

2022.05（全国）试题四

【说明】 阅读下列材料，请回答问题1至问题3。

案例描述及问题

A公司承接某智能会议信息系统项目，公司成立了项目组并任命小王担任项目经理。

项目组从业务需求、技术、人员等方面对项目风险源进行了分析，并结合过去投行的同类项目积累的经验及专家建议将风险分为需求风险、技术风险、管理风险、外部风险四类。为界定不同层次的风险概率和影响，制订了表1～表3：

表1　项目风险发生概率

发生的可能性	描述	取值
极高	发生的概率>50%	5
高	发生的概率为30%～50%	4

续表

发生的可能性	描述	取值
中	发生的概率为 10%～30%	3
低	发生的概率为 2%～10%	2
极低	发生的概率<2%	1

表 2　项目风险影响程度

影响程度	描述	取值
极高	对进度、成本、质量产生重大的影响	5
高	对进度、成本、质量中的一项或两项产生重大的影响	4
中	对进度、成本、质量均产生一般的影响	3
低	对进度、成本、质量中的一项或两项产生一般的影响，其他项至多产生轻微影响	2
极低	对进度、成本、质量中至多产生轻微的影响	1

表 3　风险和影响概率矩阵

影响值 概率值	1	2	3	4	5
1	低风险	低风险	中风险	中风险	中风险
2	低风险	低风险	中风险	中风险	高风险
3	低风险	中风险	中风险	高风险	高风险
4	中风险	中风险	中风险	高风险	高风险
5	中风险	中风险	高风险	高风险	高风险

风险识别时，小王组织项目组成员召开会议，项目组成员畅所欲言，将自己认为过程中可能遇到的所有风险列出来，按照风险类别对风险进行整理并汇总，形成风险清单初稿。随后，小王召集 10 位各领域专家，每位专家以独立匿名方式对风险清单初稿进行分析筛选，小王汇总结果并反馈回各专家，专家再次进行分析筛选，最终确定风险清单终稿。

【问题 1】（8 分）

结合案例：

（1）在风险识别过程中，小王制订风险清单的初稿和终稿时，各自用了哪种方法？

（2）制订终稿时所用方法的优点是什么？

【问题 2】（8 分）

结合案例：

（1）分析下表列出的风险，并补充完成每个风险的风险等级。

风险类别	风险	发生概率/%	影响程度	风险等级
需求风险	对需求解释不清	15.3	对进度和质量产生一般影响，成本产生轻微影响	
需求风险	需求随时变动	11.2	对进度产生重大影响，质量、成本产生一般影响	
技术风险	技术水平不够	1.3	对进度和质量产生重要影响，成本产生一般影响	
管理风险	核心人员离职	0.7	对进度、质量和成本均产生重要影响	
管理风险	项目协调困难	8.2	对进度产生一般影响，对质量和成本产生轻微影响	
外部风险	供应商未及时供货	16.3	对进度产生重要影响，对质量、成本产生一般影响	

（2）请指出项目组最应该关注的上表中的哪些风险。

【问题3】（5分）（为与新教程知识体系保持一致性，编者对该问题进行了修改）

请给出下面（1）～（5）的答案。

风险登记册的编制始于___（1）___过程，在项目实施过程中供___（2）___过程和项目管理过程使用。最初的风险登记册包括如下信息：___（3）___、___（4）___和___（5）___。

答题思路总解析

从本案例提出的三个问题可以判断出：该案例分析主要考查的是项目风险管理。**【问题 1】**和**【问题 2】**需要将理论结合本项目的实践来回答，**【问题 3】**是纯理论性质的问题。**（案例难度：★★★）**

【问题1】答题思路解析及参考答案

一、答题思路解析

根据"案例描述及问题"中所提供的信息，我们可以判断出小王制订风险清单初稿时用到了头脑风暴的方法（从"项目组成员畅所欲言"可以判断出来），小王制订风险清单终稿时用到了德尔菲技术（从"小王召集 10 位各领域专家，每位专家以独立匿名方式对风险清单初稿进行分析筛选，小王汇总结果并反馈回各专家，专家再次进行分析筛选，最终确定风险清单终稿"可以判断出来）。

（问题难度：★★★）

二、参考答案

（1）小王制订风险清单初稿时用到了头脑风暴的方法，小王制订风险清单终稿时用到了德尔菲技术。

（2）德尔菲技术的优点是：有助于减轻数据的偏倚，防止任何个人对结果产生不恰当的影响。

【问题 2】答题思路解析及参考答案

一、答题思路解析

根据"案例描述及问题"中表 1、表 2 和表 3，我们可以判断出："对需求解释不清"这一风险，发生概率的取值是 3、影响程度的取值是 2，概率影响值是 6（3×2），属于中风险；"需求随时变动"这一风险，发生概率的取值是 3、影响程度的取值是 4，概率影响值是 12（3×4），属于高风险；"技术水平不够"这一风险，发生概率的取值是 1、影响程度的取值是 4，概率影响值是 4（1×4），属于中风险；"核心人员离职"这一风险，发生概率的取值是 1、影响程度的取值是 5，概率影响值是 5（1×5），属于中风险；"项目协调困难"这一风险，发生概率的取值是 2、影响程度的取值是 2，概率影响值是 4（2×2），属于低风险；"供应商未及时供货"这一风险，发生概率的取值是 3、影响程度的取值是 4，概率影响值是 12（3×4），属于高风险。"需求随时变动"和"供应商未及时供货"属于高风险，项目组最应该关注这两个风险。（**问题难度：★★★**）

二、参考答案

（1）

风险类别	风险	发生概率	影响程度	风险等级
需求风险	对需求解释不清	15.3	对进度和质量产生一般影响，成本产生轻微影响	中风险
需求风险	需求随时变动	11.2	对进度产生重大影响，质量、成本产生一般影响	高风险
技术风险	技术水平不够	1.3	对进度和质量产生重要影响，成本产生一般影响	中风险
管理风险	核心人员离职	0.7	对进度、质量和成本均产生重要影响	中风险
管理风险	项目协调困难	8.2	对进度产生一般影响，对质量和成本产生轻微影响	低风险
外部风险	供应商未及时供货	16.3	对进度产生重要影响，对质量、成本产生一般影响	高风险

（2）项目组最应该关注"需求随时变动"和"供应商未及时供货"这两个风险。

【问题 3】答题思路解析及参考答案

一、答题思路解析

根据"答题思路总解析"中的阐述可知，该问题属于理论性质的问题。风险登记册的编制始于识别风险过程，在项目实施过程中供其他风险管理过程（因为风险登记册是实施定性风险分析、实施定量风险分析、规划风险应对、实施风险应对和监督风险过程的输入）和项目管理过程使用。最初的风险登记册包括如下信息：已识别风险清单、潜在风险责任人和潜在应对措施清单。（**问题难度：★★★**）

二、参考答案

风险登记册的编制始于（识别风险）过程，在项目实施过程中供（其他风险管理）过程和项目管理过程使用。最初的风险登记册包括如下信息：（已识别风险清单）、（潜在风险责任人）和（潜在应对措施清单）。

2022.05（广东）试题一

【说明】阅读下列材料，请回答问题 1 至问题 4。

案例描述及问题

某公司近期多次收到客户对系统集成项目的投诉。公司决定派一名质量经理直找具体原因并提出解决方案。

质量经理进入集成项目团队后，对项目具体的质量管理活动进行了结构性的评审，识别出存在的问题，分享了公司其他类似项目的经验，并与项目团队一起讨论如何进行过程改进。质量经理离开后，项目团队计划用刚启动的 A 项目进行试点，推行质量经理的解决方案，由质量保证工程师（QA）协助监控项目执行情况。

QA 先收集了大量的项目信息，包括项目的进度目标、成本目标等，结合公司的质量政策制订了质量管理计划，并按照计划执行，定期输出质量控制成果。最终在整个项目组的努力下，项目质量有了很大改善。

【问题 1】

结合案例，请指出质量经理在查找质量问题时所采用的工具与技术。该工具与技术主要应用于哪个质量管理过程？

【问题 2】（为与新教程知识体系保持一致性，编者对该问题进行了修改）

请指出 QA 按照质量管理计划进行质量控制时可以采用的数据表现工具。

【问题 3】

结合案例，请写出 QA 在执行质量控制过程中输出的质量控制成果。

【问题 4】

请将下列表中质量管理技术简称所对应中文名称的选项编号填入答题纸对应栏内。

A. 企业流程再造　　B. 质量功能展开　　C. 准时化生产

D. 统计过程控制　　E. 全面质量管理

简称	中文名称选项编号
JIT	
TQM	
SPC	

简称	中文名称选项编号
QFD	
BPR	

答题思路总解析

从本案例提出的四个问题，可以判断出：该案例分析主要考查的是项目质量管理。【问题 1】需要将理论结合本项目的实践来回答，【问题 2】、【问题 3】和【问题 4】都是纯理论性质的问题。（案例难度：★★★）

【问题 1】答题思路解析及参考答案

一、答题思路解析

根据"案例描述及问题"中所提供的信息，我们可以判断出质量经理在查找质量问题时所采用的工具与技术是质量审计（从"质量经理进入集成项目团队后，对项目具体的质量管理活动进行了结构性的评审"可以推导出），质量审计主要应用于实施质量保证过程。（问题难度：★★★）

二、参考答案

质量经理在查找质量问题时所采用的工具与技术是质量审计，质量审计主要应用于实施质量保证过程。

【问题 2】答题思路解析及参考答案

一、答题思路解析

根据"答题思路总解析"中的阐述可知，该问题属于理论性质的问题。QA 按照质量管理计划进行质量控制时可以采用的数据表现工具有因果图、控制图、直方图、散点图。（问题难度：★★★）

二、参考答案

QA 按照质量管理计划进行质量控制时可以采用的数据表现工具有因果图、控制图、直方图、散点图。

【问题 3】答题思路解析及参考答案

一、答题思路解析

根据"答题思路总解析"中的阐述可知，该问题属于理论性质的问题。QA 在执行质量控制过程中输出的质量控制成果有：质量控制测量结果、核实的可交付成果、工作绩效信息、变更请求、项目管理计划更新和项目文件更新。（问题难度：★★★）

二、参考答案

QA 在执行质量控制过程中输出的质量控制成果有：质量控制测量结果、核实的可交付成果、工作绩效信息、变更请求、项目管理计划更新和项目文件更新。

【问题 4】答题思路解析及参考答案

一、答题思路解析

根据"答题思路总解析"中的阐述可知，该问题属于理论性质的问题。JIT 的中文名称是准时化生产、TQM 的中文名称是全面质量管理、SPC 的中文名称是统计过程控制、QFD 的中文名称是质量功能展开、BPR 的中文名称是企业流程再造。（**问题难度：★★★**）

二、参考答案

简称	中文名称选项编号
JIT	C. 准时化生产
TQM	E. 全面质量管理
SPC	D. 统计过程控制
QFD	B. 质量功能展开
BPR	A. 企业流程再造

2022.05（广东）试题三

【说明】阅读下列材料，请回答问题 1 至问题 3。

案例描述及问题

某公司承接了某大型企业数据中心的运行维护服务项目，任命经验丰富的李强为项目经理。1 月初项目启动会后，李强整理出了项目风险单，对中级及以上风险制订了应对措施，在项目会议上，李强将应对措施的实施责任分配到个人，并确定了完成时限，要求项目全过程中按照此风险清单进行管理。风险及应对措施清单部分内容如下：

序号	风险	发生概率	应对措施	负责人	完成期限
1	人员技术能力不足	高	开展技术培训	工程师 A	2 月底前
2	复杂技术问题，超出团队人员能力范围	中	寻求厂商支持	工程师 B	持续进行
3	核心系统的应急预案覆盖范围不全	高	完善应急预案评审并发布	工程师 C	3 月底前
...	......	......	......	......	......
30	备件短期	低	无		
...	......	......	......	......	......

3 月，某系统服务器备机发生 CPU 故障，寻找外部供应商进行紧急采购，2 天后，故障解决，虽然业务并未中断，但是客户表示不满。考虑到备件短缺的概率极小，李强并未采取措施。

4 月，某系统报错，无法确定故障原因，因此工程师 B 联系厂商寻求支持，经过与不同设备厂商的多轮沟通，逐个排查，耗时 3 天终于解决了问题。

5 月，数据中心及周边发生大面积停电，由于紧急预案未涉及停电场景，运维团队人员临时商量解决方案，在中断 2 小时后，核心系统业务恢复。

8 月，因机房温度过高导致部分设备停机，李强建议客户紧急扩容制冷设备。因年初未做该预算，客户责怪李强没有提前发现隐患。

【问题 1】（10 分）

结合案例，请指出项目风险管理中存在的问题。

【问题 2】（5 分）

请简述消极风险（威胁）和积极风险（机会）的应对策略。

【问题 3】（4 分）（为与新教程知识体系保持一致性，编者对该问题进行了修改）

SWOT 分析将风险分为哪几类？

答题思路总解析

从本案例提出的三个问题，可以判断出：该案例分析主要考查的是项目风险管理。根据"案例描述及问题"中画"＿＿"的文字，并结合项目管理经验，我们可以推断出，本项目风险管理中存在的问题主要有：①没有制订风险管理计划；②没有实施定性风险分析；③没有实施定量风险分析；④识别风险和制订风险应对措施时，没有邀请更多人共同参与；⑤没有对所有风险制订应对措施（这 5 点从"1 月初项目启动会后，李强整理出了项目风险单，对中级及以上风险制订了应对措施""考虑到备件短缺的概率极小，李强并未采取措施"和"5 月，数据中心及周边发生大面积停电，由于紧急预案未涉及停电场景"可以推导出）；⑥项目经理缺乏良好的风险意识（这点从"考虑到备件短缺的概率极小，李强并未采取措施"可以推导出）；⑦没有对风险发生的影响进行分析；⑧没有对风险进行排序（这两点从"风险应对措施清单"中的内容可以推导出）；⑨风险识别得不充分（这点从"8 月，因机房温度过高导致部分设备停机，李强建议客户紧急扩容制冷设备。因年初未做该预算，客户责怪李强没有提前发现隐患"可以推导出）。这 9 点用于回答**【问题 1】**，**【问题 2】**和**【问题 3】**是纯理论性质的问题。（**案例难度：★★★**）

【问题 1】答题思路解析及参考答案

一、答题思路解析

根据"答题思路总解析"中的阐述可知，本项目在风险管理方面存在的问题主要有 9 点。（**问题难度：★★★**）

二、参考答案

本项目风险管理中存在的问题主要有：

（1）没有制订风险管理计划。

（2）风险识别得不充分。

（3）没有实施定性风险分析。

（4）没有实施定量风险分析。

（5）识别风险和制订风险应对措施时，没有邀请更多人共同参与。

（6）没有对风险发生的影响进行分析。

（7）没有对风险进行排序。

（8）没有对所有风险制订应对措施。

（9）项目经理缺乏良好的风险意识。

【问题2】答题思路解析及参考答案

一、答题思路解析

根据"答题思路总解析"中的阐述可知，该问题属于理论性质的问题。消极风险（威胁）的应对策略有：上报、规避、转移、减轻和接受。积极风险（机会）的应对策略有：上报、开拓、提高、分享和接受。（**问题难度：★★★**）

二、参考答案

消极风险（威胁）的应对策略有：上报、规避、转移、减轻和接受。积极风险（机会）的应对策略有：上报、开拓、提高、分享和接受。

【问题3】答题思路解析及参考答案

一、答题思路解析

根据"答题思路总解析"中的阐述可知，该问题属于理论性质的问题。SWOT 分析将风险分为优势、劣势、机会和威胁四类。（**问题难度：★★★**）

二、参考答案

SWOT 分析将风险分为优势、劣势、机会和威胁四类。

2022.05（广东）试题四

【说明】阅读下列材料，请回答问题 1 至问题 3。

案例描述及问题

段 1：A 公司专门从事仿真软件产品的研发，近期承接了一项目。公司任命老王担任项目经理，带领 10 人的开发团队完成该项目。老王兼任配置管理员，为方便工作，他给所有项目组成员开放了全部操作权限。

段2：测试人员首先依据界面功能准备了集成测试用例，随后和开发人员在开发环境中交互进行集成测试并完成缺陷修复工作。测试期间发现特定参数下仿真图形显示出现较大变形的严重错误，开发人员认为彻底修复难度较大，可以在试运行阶段再处理，测试人员表示认可。

段3：在回归测试结束后，测试人员向项目组提交了测试报告，老王认为开发工作已经圆满结束。在客户的不断催促下，老王安排开发工程师将代码从开发库中提取出来，连带测试用的用户数据一起刻盘后快递给客户。

【问题1】（10分）

结合案例，请分别简述项目在配置管理和测试过程中存在的问题。

【问题2】（3分）

请指出功能配置审计需要验证哪些方面的内容。

【问题3】（6分）

请给出下面（1）～（3）处的答案。

典型的配置库可以分为＿＿（1）＿＿种类型，＿＿（2）＿＿又称主库，包含当前基线和对基线的变更，＿＿（3）＿＿包含已发布使用的各种基线的存档，被置于完全的配置管理之下。

答题思路总解析

从本案例提出的三个问题，可以判断出：该案例分析主要考查的是项目配置管理。根据"案例描述及问题"中画"＿＿"的文字，并结合项目管理经验，我们可以推断出，本项目在配置管理和测试过程中存在的问题主要有：①项目经理小王不应该兼任配置管理员；②没有做好配置管理计划；③配置库权限设置不对，应该根据不同角色设置对应的权限（这3点从"老王兼任配置管理员，为方便工作，他给所有项目组成员开放了全部操作权限"可以推导出）；④不能根据功能界面准备集成测试用例，应该根据详细设计准备集成测试用例；⑤集成测试应该在测试环境中进行，不能在开发环境中进行（这两点从"测试人员首先依据界面功能准备了集成测试用例，随后和开发人员在开发环境中交互进行集成测试并完成了缺陷修复工作"可以推导出）；⑥没有及时解决测试过程中发现的问题（这点从"测试期间发现特定参数下仿真图形显示出现较大变形的严重错误，开发人员认为彻底修复难度较大，可以在试运行阶段再处理，测试人员表示认可"可以推导出）；⑦不应该从开发库中提取代码发布给客户，应该从受控库中提取正确的版本发布给客户；⑧不能把测试用的数据打包到发布版本中（这两点从"老王安排开发工程师将代码从开发库中提取出来，连带测试用的用户数据一起刻盘后快递给客户"可以推导出）。这8点用于回答**【问题1】**，**【问题2】**和**【问题3】**是纯理论性质的问题。**（案例难度：★★★）**

【问题1】答题思路解析及参考答案

一、答题思路解析

根据"答题思路总解析"中的阐述可知，本项目在配置管理方面存在的问题主要有5点、在测试方面存在的问题主要有3点。**（问题难度：★★★）**

二、参考答案

项目在配置管理方面存在的问题主要有：

（1）项目经理小王不应该兼任配置管理员。

（2）没有做好配置管理计划。

（3）配置库权限设置不对，应该根据不同角色设置对应的权限。

（4）不应该从开发库中提取代码发布给客户，应该从受控库中提出正确的版本发布给客户。

（5）不能把测试用的数据打包到发布版本中。

项目在测试过程中存在的问题主要有：

（1）不能根据功能界面准备集成测试用例，应该根据详细设计准备集成测试用例。

（2）集成测试应该在测试环境中进行，不能在开发环境中进行。

（3）没有及时解决测试过程中发现的问题。

【问题2】答题思路解析及参考答案

一、答题思路解析

根据"答题思路总解析"中的阐述可知，该问题属于理论性质的问题。功能配置审计需要验证的内容：①配置项的开发已圆满完成；②配置项已达到配置标识中规定的性能和功能特征；③配置项的操作和支持文档已完成并且是符合要求的。**（问题难度：★★★）**

二、参考答案

功能配置审计需要验证的内容：①配置项的开发已圆满完成；②配置项已达到配置标识中规定的性能和功能特征；③配置项的操作和支持文档已完成并且是符合要求的。

【问题3】答题思路解析及参考答案

一、答题思路解析

根据"答题思路总解析"中的阐述可知，该问题属于理论性质的问题。典型的配置库可以分为3种类型，受控库又称主库，包含当前基线和对基线的变更，产品库包含已发布使用的各种基线的存档，被置于完全的配置管理之下。**（问题难度：★★★）**

二、参考答案

典型的配置库可以分为（3）种类型，（受控库）又称主库，包含当前基线和对基线的变更，（产品库）包含已发布使用的各种基线的存档，被置于完全的配置管理之下。

2022.11（全国）试题一

【说明】阅读下列材料，请回答问题1至问题3。

案例描述及问题

某小家电生产厂家研发一款新设备，部分 WBS 如下表：

工作编号	工作任务	工期
0	研发新设备	
1	硬件	7 个月
1.1	Early Sample 设计和生产	2 个月
1.2	Develop Sample 设计和生产	2 个月
1.3	Product Sample 设计和生产	3 个月
2	软件	6 个月
2.1	软件设计和基本功能实现	2.5 个月
2.2	新功能开发	2 个月
2.3	故障修复	3 个月

关键时间节点如下：

硬件	项目开始	2022.12.1
	Early Sample 定版	2022.2.15
	Develop Sample 定版	2022.4.10
	Product Sample 定版	2022.5.15
软件	项目开始	2022.12.1
	基线建立，设备点亮	2022.3.5
	功能开发完成	2022.4.30
	代买冻结	2022.5.31
整机	上市	2022.6.18

项目质量经理小张，依据项目 WBS 和关键时间节点，制订了项目质量管理计划，计划中明确了关键质量检查时间和检查方法。尤其是针对故障修复过程，给出了详细的 BUG 跟踪流程和关闭标准。随后安排 QA 小王按照质量管理计划进行检查，并安排测试人员小李进行相关的测试工作，强调不符合关闭标准的 BUG 一定严格跟踪开发人员返工修改。

【问题 1】（8 分）（为与新教程知识体系保持一致性，编者对该问题进行了修改）

（1）结合案例，如果你是质量经理，流程图、核查表、帕累托图可以帮助你检查案例中的哪些质量问题？

（2）质量测量指标、质量报告、质量控制测量结果、核实的可交付成果分别是哪个过程的输出？

【问题2】（8分）（为与新教程知识体系保持一致性，编者对该问题进行了修改）

（1）请指出质量成本中一致性成本和不一致性成本都包含哪些成本。

（2）案例中提到的质量活动涉及的成本都属于哪类质量成本。

【问题3】（2分）

判断下列选项的正误（正确的选项填写"√"，错误的选项填写"×"）。

（1）案例中的 WBS 采用了分级树形结构的表示形式。 （ ）

（2）小王按照质量管理计划进行检查属于质量保证过程的工作。 （ ）

（3）小李进行相关的测试工作属于质量控制过程的工作。 （ ）

（4）统计抽样的抽样频率和规模不需要预先在质量规划中规定，可根据项目执行情况，临时确定并调整。 （ ）

答题思路总解析

从本案例提出的三个问题，可以判断出：该案例分析主要考查的是项目质量管理。【问题 1】的第（1）小问、【问题2】的第（2）小问和【问题3】需要根据案例来回答，【问题1】的第（2）小问和【问题2】的第（1）小问是纯理论性质的问题。（**案例难度：★★★**）

【问题1】答题思路解析及参考答案

一、答题思路解析

根据"答题思路总解析"中的阐述可知，该问题第（1）小问需要结合案例来回答，第（2）小问是纯理论性质的问题。流程图用于案例中 BUG 跟踪流程，查找导致 BUG 出现的根本原因（从"BUG 跟踪流程"可以推导出），核查表用于案例中小李进行测试工作时记录各模块测试缺陷的严重程度和数量（从"小李进行相关的测试工作"可以推导出）；帕累托图用于针对故障修复时，对造成故障的原因可能性大小排序后依次消除这些原因（从"针对故障修复过程"可以推导出）。质量测量指标是规划质量管理过程的输出，质量报告是管理质量过程的输出，质量控制测量结果和核实的可交付成果是控制质量过程的输出。（**问题难度：★★★**）

二、参考答案

（1）流程图用于案例中 BUG 跟踪流程，查找导致 BUG 出现的根本原因；核查表用于案例中小李进行测试工作时记录各模块测试缺陷的严重程度和数量；帕累托图用于针对故障修复时，对造成故障的原因可能性大小排序后依次消除这些原因。

（2）质量测量指标是规划质量管理过程的输出，质量报告是管理质量过程的输出，质量控制测量结果和核实的可交付成果是控制质量过程的输出。

【问题2】答题思路解析及参考答案

一、答题思路解析

根据"答题思路总解析"中的阐述可知，该问题第（1）小问是纯理论性质的问题，第（2）小问需要结合案例来回答。质量成本中一致性成本包括预防成本和评价成本；不一致性成本包含内部失败成本和外部失败成本。"制订了项目质量管理计划，计划中明确了关键质量检查时间和检查方法。尤其是针对故障修复过程，给出了详细的 BUG 跟踪流程和关闭标准"，这些属于预防成本。"QA 小王按照质量管理计划进行检查，安排测试人员小李进行相关的测试工作"，这些属于评价成本。"不符合关闭标准的 BUG 严格跟踪开发人员返工修改"，这些属于内部失败成本。（**问题难度：★★★**）

二、参考答案

（1）质量成本中一致性成本包括预防成本和评价成本；不一致性成本包含内部失败成本和外部失败成本。

（2）"制订了项目质量管理计划，计划中明确了关键质量检查时间和检查方法。尤其是针对故障修复过程，给出了详细的 BUG 跟踪流程和关闭标准"，这些属于预防成本。"QA 小王按照质量管理计划进行检查，安排测试人员小李进行相关的测试工作"，这些属于评价成本。"不符合关闭标准的 BUG 严格跟踪开发人员返工修改"，这些属于内部失败成本。

【**问题3**】答题思路解析及参考答案

一、答题思路解析

根据"答题思路总解析"中的阐述可知，该问题需要结合案例来回答。案例中的 WBS 采用的是表格的表示形式，所以（1）错误；（2）正确；（3）正确；统计抽样的抽样频率和规模需要预先在质量规划中规定，所以（4）错误。（**问题难度：★★★**）

二、参考答案

（1）（×）　　（2）（√）　　（3）（√）　　（4）（×）

2022.11（全国）试题三

【**说明**】阅读下列材料，请回答问题 1 至问题 3。

案例描述及问题

某小区进行物业服务提升，拟上线物业管理系统。该系统包括门禁管理、停车管理、维修服务管理、收费管理等核心功能及业主论坛等其他功能，物业公司准备通过公开招标的方式采购该系统。并且发布了招标公告。

信息服务公司 A 得知招标信息后，找到物业公司的负责人，详细介绍了公司的业务背景。提出可以为物业公司定制系统，完全按照物业公司的需求范围和时间要求来完成。并承诺提供终身免费维护，物业公司与 A 公司提前签了意向合同。不过流程仍按照招投标来走，A 公司和物业公司一起准备了一份投标书。

最终物业公司共收到三家公司的投标书。物业公司将开标和评审安排在同一天。评审工作由 A

公司协助物业公司来完成。物业公司和 A 公司一起针对其他两家公司投标材料进行了评审。<u>计划借鉴其他两家公司方案</u>，并宣布 A 公司中标，<u>2 个月后物业公司和 A 公司签订了合同</u>。

项目实施的过程中，<u>A 公司将门禁管理系统和停车管理系统分包给另外一家专门做门禁和停车管理系统的公司来实施</u>。

【问题 1】（9 分）

请指出本案例中招投标过程中存在的问题。

【问题 2】（3 分）

请写出"采购管理"包含的主要过程。

【问题 3】（4 分）（为与新教程知识体系保持一致性，编者对该问题进行了修改）

请将下面①～④处的答案填写在答题纸的对应栏内。

（1）采购管理中"自制/外购分析"和"（采购）审计"分别是___①___、___②___过程使用的技术。

（2）一般来说，合同分为总价合同、___③___和___④___。

答题思路总解析

从本案例提出的三个问题，可以判断出：该案例分析主要考查的是项目采购管理。根据"案例描述及问题"中画"___"的文字，并结合项目管理经验，我们可以推断出，本案例中招投标过程中存在的问题主要有：①物业公司与 A 公司提前签意向合同存在问题（这点从"物业公司与 A 公司提前签了意向合同"可以推导出）；②A 公司和物业公司一起准备一份投标书有问题，属于串通投标（这点从"A 公司和物业公司一起准备了一份投标书"可以推导出）；③评审工作存在问题，A 公司不得协助物业公司进行评审（这点从"评审工作由 A 公司协助物业公司来完成。物业公司和 A 公司一起针对其他两家公司投标材料进行了评审"可以推导出）；④计划借鉴其他两家公司方案存在问题，侵犯了他人的知识产权（这点从"计划借鉴其他两家公司方案"可以推导出）；⑤2 个月后物业公司和 A 公司签订了合同存在问题，应该自中标通知书发出之日起 30 天内签订合同（这点从"2 个月后物业公司和 A 公司签订了合同"可以推导出）；⑥A 公司将门禁管理系统和停车管理系统分包出去存在问题，承包商不能将主体工程分包出去（这点从"A 公司将门禁管理系统和停车管理系统分包给另外一家专门做门禁和停车管理系统的公司来实施"可以推导出）。这 6 点用于回答**【问题 1】**，**【问题 2】**和**【问题 3】**是纯理论性质的问题。**（案例难度：★★★）**

【问题 1】答题思路解析及参考答案

一、答题思路解析

根据"答题思路总解析"中的阐述可知，本案例中招投标过程中存在的问题主要有 6 点。**（问题难度：★★★）**

二、参考答案

本案例中招投标过程中存在的问题主要有：

（1）物业公司与 A 公司提前签意向合同存在问题。

（2）A 公司和物业公司一起准备一份投标书有问题，属于串通投标。

（3）评审工作存在问题，A 公司不得协助物业公司进行评审。

（4）计划借鉴其他两家公司方案存在问题，侵犯了他人的知识产权。

（5）2 个月后物业公司和 A 公司签订了合同存在问题，应该自中标通知书发出之日起 30 天内签订合同。

（6）A 公司将门禁管理系统和停车管理系统分包出去存在问题，承包商不能将主体工程分包出去。

【问题 2】答题思路解析及参考答案

一、答题思路解析

根据"答题思路总解析"中的阐述可知，该问题属于纯理论性质的问题。"采购管理"包含的主要过程有：规划采购管理、实施采购和控制采购。（**问题难度：★★**）

二、参考答案

"采购管理"包含的主要过程有：规划采购管理、实施采购和控制采购。

【问题 3】答题思路解析及参考答案

一、答题思路解析

根据"答题思路总解析"中的阐述可知，该问题是理论性质的问题。采购管理中"自制/外购分析"是规划采购管理过程的工具与技术；"（采购）审计"是控制采购过程的工具与技术。一般来说，合同分为总价合同、成本补偿合同和工料合同。（**问题难度：★★★**）

二、参考答案

（1）采购管理中"自制/外购分析"和"（采购）审计"分别是（规划采购管理）、（控制采购）过程使用的技术。

（2）一般来说，合同分为总价合同、（成本补偿合同）和（工料合同）。

2022.11（全国）试题四

【说明】 阅读下列材料，请回答问题 1 至问题 3。

<u>案例描述及问题</u>

A 公司承接了某信息系统运行维护项目，项目内容包括对客户数据中心的信息系统进行每周 7 天，每天 24 小时值班、监控、巡检及故障处理等。

为满足客户要求，项目经理张伟制订了详细的运维值班计划，要求项目团队严格按照计划执行。国庆节前，张伟通知小李国庆期间值班，并表示年轻人应该多承担值班工作，如果不服从工作安排，会影响年终考评结果。

某天凌晨 2 点，客户核心业务发生中断。张伟第一时间赶到现场，发现问题复杂，立即电话联系各领域技术人员。得知张伟已在现场后，大家也立刻赶往现场。张伟凭借自己多年运维经验，快速制订了一套解决方案。相关人员一致认可并马上着手实施，迅速恢复了业务。为此，客户高层向 A 公司发送了书面感谢信，对整个运维团队提出了表扬。

为了进一步激励团队，张伟制订了如下激励措施：

措施 1：为参与项目的员工购买了附加商业保险。

措施 2：工程师非工作时间值班，可以领取额外值班补贴和误餐补贴。

措施 3：每季度评选出 2 位 "季度服务之星"，颁发荣誉证书，并请获奖人员在部门季度会议上进行经验分享。

措施 4：每月开展一次团建活动，如户外活动、拓展训练等。

【问题 1】（8 分）

项目经理具备 5 种基本的权力。请结合案例，补充完成下表。

项目经理的权力	张伟行使权力的具体活动
合法的权力	制订运维值班计划，要求项目团队严格按照计划执行
惩罚权力	
参照权力	
专家权力	
奖励权力	

【问题 2】（6 分）

请指出张伟提出的 4 项激励措施，分别针对马斯洛需要层次理论中的哪个层次。

措施 1：（　　）

措施 2：（　　）

措施 3：（　　）

措施 4：（　　）

【问题 3】（4 分）

判断下列选项的正误（填写在答题纸的对应栏内，正确的选项填写"√"，错误的选项填写"×"）。

（1）经理带领团队管理项目的过程中，具有领导者和管理者的双重身份，案例中张伟制订了详细的运维值班计划是在执行领导职能。（　　）

（2）张伟制订的运维值班计划需要在项目初期制订，项目后期进展过程中可以根据情况修改。（　　）

（3）"张伟通知小李国庆期间值班，并表示年轻人应该多承担值班工作，如果不服从工作安排，会影响年终考评结果"这种做法符合 Y 理论对人性的判断。（　　）

（4）张伟制订一系列激励措施是在执行团队管理过程的活动。（　　）

答题思路总解析

从本案例提出的三个问题，可以判断出：该案例分析主要考查的是项目资源管理。【**问题 1**】、【**问题 2**】和【**问题 3**】都需要结合案例进行回答。（**案例难度：★★★**）

【问题 1】答题思路解析及参考答案

一、答题思路解析

从"案例描述及问题"中的相关描述可以知道："制订了详细的运维值班计划，要求项目团队严格按照计划执行"这是合法的权力；"如果不服从工作安排，会影响年终考评结果"，这是惩罚权力；"得知张伟已在现场后，大家也立刻赶往现场"，这是参照权力；"张伟凭借自己多年运维经验，快速制订了一套解决方案"，这是专家权力；"为了进一步激励团队，张伟制订了如下激励措施"，这是奖励权力。（**问题难度：★★★**）

二、参考答案

项目经理的权力	张伟行使权力的具体活动
合法的权力	制订运维值班计划，要求项目团队严格按照计划执行
惩罚权力	如果不服从工作安排，会影响年终考评结果
参照权力	得知张伟已在现场，大家也立刻赶往现场
专家权力	张伟凭借自己多年运维经验，快速制订了一套解决方案
奖励权力	为了进一步激励团队，张伟制订了 4 条激励措施

【问题 2】答题思路解析及参考答案

一、答题思路解析

"措施 1：为参与项目的员工购买了附加商业保险"这是满足安全需求；"措施 2：工程师非工作时间值班，可以领取额外值班补贴和误餐补贴"，这是满足生理需求；"措施 3：每季度评选出 2 位'季度服务之星'，颁发荣誉证书，并请获奖人员在部门季度会议上进行经验分享"，这是满足受尊重的需求；"措施 4：每月开展一次团建活动，如户外活动、拓展训练等"，这是满足社会交往的需求。（**问题难度：★★★**）

二、参考答案

措施 1：（安全需求层次）

措施 2：（生理需求层次）

措施 3：（受尊重的需求层次）

措施 4：（社会交往的需求层次）

【问题3】答题思路解析及参考答案

一、答题思路解析

"案例中张伟制订了详细的运维值班计划是在执行管理职能"，所以（1）错误；（2）正确；"张伟通知小李国庆期间值班，并表示年轻人应该多承担值班工作，如果不服从工作安排，会影响年终考评结果"，这种做法是 X 理论对人性的判断，所以（3）错误；张伟制订一系列激励措施是在执行建设团队过程的活动，所以（4）错误。**（问题难度：★★★）**

二、参考答案

（1）（×）　　（2）（√）　　（3）（×）　　（4）（×）

2022.11（广东）试题一

【说明】 阅读下列材料，请回答问题 1 至问题 3。

案例描述及问题

A 公司承接了一个信息系统开发项目，任命小安为质量经理。由于前一个项目延期，小安在项目实施阶段才进入本项目。

进入项目后，小安按照项目计划编制了质量管理计划，规划了质量审计、功能测试、集成测试、验收测试等活动，并为各测试活动安排了相应测试人员。结合需求，小安在以往类似项目的基础上，修改确定了本项目的测试用例，随后分发给了测试人员，要求严格按照测试用例执行。

在功能测试时，测试人员发现测试用例对应的某项功能缺失。经查阅，需求中没有此功能，于是测试人员关闭了该问题。灰度发布后，用户在试用过程中发现了一些问题，经检查，小安发现有个别集成测试问题未关闭。为了按期上线，小安决定将灰度发布后发现的问题作为遗留项后续再处理。

【问题1】（9分）（为与新教程知识体系保持一致性，编者对该问题进行了修改）
（1）结合案例，请指出小安在此项目中的工作是管理质量还是控制质量？
（2）指出本案例中质量管理方面存在的问题，并给出正确的做法。

【问题2】（6分）（为与新教程知识体系保持一致性，编者对该问题进行了修改）
请分别指出管理质量和控制质量二者在工作内容上的区别。

【问题3】（3分）（为与新教程知识体系保持一致性，编者对该问题进行了修改）
判断下列选项的正误（正确的选项填写"√"，错误的选项填写"×"）。
（1）质量报告是控制质量过程的输出。　　　　　　　　　　　　　　　　（　　）
（2）质量通常是指产品的质量，广义上的质量还包括工作质量。产品质量是指产品的使用价值及其属性，而工作质量则是产品质量的保证，它反映了与产品质量直接有关的工作对产品质量的保证程度。　　　　　　　　　　　　　　　　　　　　　　　　　　　　　　（　　）
（3）存在问题未关闭，不能上线。　　　　　　　　　　　　　　　　　　（　　）

答题思路总解析

从本案例提出的三个问题，可以判断出：该案例分析主要考查的是项目质量管理。根据"案例描述及问题"中画"___"的文字，并结合项目管理经验，我们可以推断出，本案例中质量管理方面存在的问题主要有：①任命小安为质量经理不妥，应任命能全程参加项目的人选（这点从"由于前一个项目延期，小安在项目实施阶段才进入本项目"可以推导出）；②小安一个人编制质量管理计划不妥，应该与项目团队相关成员一起编制；③小安编制质量管理计划时只参照了项目计划不妥，还应该参照干系人登记册、风险登记册、需求文件等（这两点从"小安按照项目计划编制了质量管理计划"可以推导出）；④质量管理计划不全面，还应该包含各活动的人员分工（这点从"规划了质量审计、功能测试、集成测试、验收测试等活动"可以推导出）；⑤小安编制测试用例时只参考了类似项目，没有考虑本项目的实际特点（这点从"小安在以往类似项目的基础上，修改确定了本项目的测试用例"可以推导出）；⑥测试人员发现测试用例对应的某项功能缺失，经查阅，需求中没有此功能，于是测试人员关闭了该问题不妥，应该对发现的问题进行跟踪处理（这点从"在功能测试时，测试人员发现测试用例对应的某项功能缺失。经查阅，需求中没有此功能，于是测试人员关闭了该问题"可以推导出）；⑦小安发现有个别集成测试问题未关闭时，没有跟踪直至问题关闭（这点从"小安发现有个别集成测试问题未关闭"可以推导出）；⑧问题没有处理就上线不妥（这点从"小安决定将灰度发布后发现的问题作为遗留项后续再处理"可以推导出）。这 8 点用于回答【问题 1】的第（2）小问，【问题 1】的第（1）小问需要结合案例来回答，【问题 2】和【问题 3】是纯理论性质的问题。（案例难度：★★★）

【问题 1】答题思路解析及参考答案

一、答题思路解析

从"案例描述及问题"中的相关描述可知，小安做的工作主要是做一些与质量管理相关的规划和安排，这些属于过程管理的范畴，因此小安在此项目中的工作是管理质量的工作。根据"答题思路总解析"中的阐述可知，本案例中质量管理方面中存在的问题主要有 8 点。把这 8 点换一种方式来表达，就可以得出正确的做法。（问题难度：★★★）

二、参考答案

（1）小安在此项目中的工作是管理质量的工作。

（2）本案例中质量管理方面存在的问题及正确做法：

1）任命小安为质量经理不妥。正确做法：应任命能全程参加项目的人选。

2）小安一个人编制质量管理计划不妥。正确做法：应该与项目团队相关成员一起编制。

3）小安编制质量管理计划时只参照了项目计划不妥。正确做法：还应该参照干系人登记册、风险登记册、需求文件等。

4）质量管理计划不全面。正确做法：还应该包含各活动的人员分工。

5）小安编制测试用例时只参考了类似项目不妥。正确做法：要考虑本项目的实际特点。

6）测试人员发现测试用例对应的某项功能缺失，经查阅，需求中没有此功能，于是测试人员关闭了该问题不妥。正确做法：应该对发现的问题进行跟踪处理。

7）小安发现有个别集成测试问题未关闭没有采取行动不妥。正确做法：应该跟踪直至问题关闭。

8）问题没有处理就上线不妥。正确做法：问题得到有效处理后再上线系统。

【问题 2】答题思路解析及参考答案

一、答题思路解析

根据"答题思路总解析"中的阐述可知，该问题属于纯理论性质的问题。管理质量和控制质量二者在工作内容上的区别是：①管理质量主要是对工作过程的开展是否符合相关标准和规范进行的检查活动；②控制质量是对工作结果的把关，即对可交付成果是否满足既定质量测量指标的验证和确认。（**问题难度：★★**）

二、参考答案

管理质量和控制质量二者在工作内容上的区别是：

（1）管理质量主要是对工作过程的开展是否符合相关标准和规范进行的检查活动。

（2）控制质量是对工作结果的把关，即对可交付成果是否满足既定质量测量指标的验证和确认。

【问题 3】答题思路解析及参考答案

一、答题思路解析

根据"答题思路总解析"中的阐述可知，该问题属于纯理论性质的问题。质量报告是管理质量过程的输出，所以（1）错误；（2）正确；存在问题未关闭是否能上线取决于问题的严重程度，如果是小问题，是可以先上线后修复的，所以（3）错误。（**问题难度：★★★**）

二、参考答案

（1）（×）　　（2）（√）　　（3）（×）

2022.11（广东）试题三

【说明】 阅读下列材料，请回答问题 1 至问题 3。

<u>案例描述及问题</u>

某智能体质仪生产商 A 计划生产一款新的体质仪，由于缺乏软件开发人员，决定将应用程序的开发工作外包给 B 公司。A 负责硬件及配套的固件开发，B 负责对应安卓手机应用和苹果手机应用的开发。B 作为 A 的合作伙伴，之前承担过 A 其他产品的软件开发，且此次软件不需要重新开发，只需要基于已有应用增加新体质仪的功能。

此项目以工作说明书（SOW）约定双方工作内容如下：

新体质仪项目工作说明书

1. 概述	B 公司为 A 公司开发安卓手机应用和苹果手机应用，此应用用于连接体质仪并提供体质仪相关功能 A 公司联系人：张三 B 公司联系人：李四 此说明书生效期为：2022 年 7 月 1 日，之后任何关于此项目的变更均需要提交变更申请表并由双方同意。本说明书的任何附件都被认定为此说明书的一部分
2. 工作量估计	*安卓应用设计（1 人月） *苹果应用设计（1 人月） *安卓应用开发（3.5 人月） *苹果应用开发（5 人月）
3. 交付和付款	安卓应用开发完成——RMB150000 元 苹果应用开发完成——RMB150000 元 后期维护——RMB50000 元
4. 承诺	双方承诺均已阅读，理解并同意上述说明书及其条款的约束，并承诺遵守相关的保密协议（附件）
5. 签章	A 公司签章　　　　　　　　　　　　　　B 公司签章

【问题 1】

请分析案例，指出案例中工作说明书缺少哪些主要内容。

【问题 2】

如果 A 公司用招标的方式寻找合作方，请写出招投标程序。

【问题 3】

请将①～⑤处的答案填写完整。

（1）按照采购管理过程，该项目处于　①　阶段。

（2）公司招标过程涉及多种采购文件，　②　是用于征求潜在供应商建议的文件。　③　是用来征求潜在供应商报价的文件。

（3）依据《中华人民共和国政府采购法》，政府采购方式分为公开招标、邀请招标、竞争性谈判、　④　、　⑤　和国务院政府采购监督管理部门认定的其他方式。

答题思路总解析

从本案例提出的三个问题，可以判断出：该案例分析主要考查的是项目采购管理。**【问题 1】**和**【问题 3】**需要将理论和本案例实践相结合进行回答，**【问题 2】**是纯理论性质的问题。（**案例难度：★★★**）

【问题1】答题思路解析及参考答案

一、答题思路解析

根据"答题思路总解析"中的阐述可知，该问题需要将理论和本案例实践相结合进行回答。根据"案例描述及问题"中表格中的内容可知：案例中的工作说明书缺少的主要内容有规格、所需数量、质量水平、绩效数据、履约期间和工作地点等。**（问题难度：★★★）**

二、参考答案

案例中的工作说明书缺少的主要内容有规格、所需数量、质量水平、绩效数据、履约期间和工作地点等。

【问题2】答题思路解析及参考答案

一、答题思路解析

根据"答题思路总解析"中的阐述可知，该问题是一个理论性质的问题。根据《中华人民共和国招标投标法》，招投标程序是：①招标人采用公开招标方式的，应当发布招标公告；招标人采用邀请招标方式的，应当向三个以上具备承担招标项目能力的、资信良好的特定的法人或者其他组织发出投标邀请书。②招标人根据招标项目的具体情况，可以组织潜在投标人踏勘项目现场。③投标人投标。④开标。⑤评标。⑥确定中标人。⑦订立合同。**（问题难度：★★★）**

二、参考答案

招投标程序：

（1）招标人采用公开招标方式的，应当发布招标公告；招标人采用邀请招标方式的，应当向三个以上具备承担招标项目能力的、资信良好的特定的法人或者其他组织发出投标邀请书。

（2）招标人根据招标项目的具体情况，可以组织潜在投标人踏勘项目现场。

（3）投标人投标。

（4）开标。

（5）评标。

（6）确定中标人。

（7）订立合同。

【问题3】答题思路解析及参考答案

一、答题思路解析

根据"答题思路总解析"中的阐述可知，该问题需要将理论和本案例实践相结合进行回答。根据"案例描述及问题"中的相关内容，该项目处于实施采购阶段。建议邀请书是用于征求潜在供应商建议的文件；报价邀请书是用来征求潜在供应商报价的文件。根据《中华人民共和国政府采购法》第二十六条，政府采购方式分为公开招标、邀请招标、竞争性谈判、单一来源采购、询价和国务院政府采购监督管理部门认定的其他方式。**（问题难度：★★★）**

二、参考答案

（1）按照采购管理过程，该项目处于（实施采购）阶段。

（2）公司招标过程涉及多种采购文件，（建议邀请书）是用于征求潜在供应商建议的文件。（报价邀请书）是用来征求潜在供应商报价的文件。

（3）依据《中华人民共和国政府采购法》，政府采购方式分为公开招标、邀请招标、竞争性谈判、（单一来源采购）、（询价）和国务院政府采购监督管理部门认定的其他方式。

2022.11（广东）试题四

【说明】阅读下列材料，请回答问题 1 至问题 3。

案例描述及问题

A 集团公司信息中心负责集团及子公司的信息系统建设和运行维护管理工作。为了确保系统安全稳定运行，并为各业务部门（系统使用方）提供良好服务，信息中心将系统运行维护工作外包给了 B 公司，B 公司高层非常重视该项目，任命张伟担任项目经理。在项目初期，张伟编制了干系人清单，部分内容如下：

一类干系人（主要干系人）：A 公司信息中心管理层。

二类干系人（次要干系人）：A 公司信息中心技术人员、B 公司管理层、B 公司行政部门（为项目提供备件、人员培训等支持）。

三类干系人（一般干系人）：A 公司业务部门人员、B 公司项目组成员、其他人员。

为确保项目沟通顺畅，张伟制订了项目沟通计划，部分内容如下：

沟通方式	沟通内容	沟通频率	沟通对象
现场会议	项目日常工作进展	每周	A 公司信息中心技术人员、B 公司项目组成员
现场会议	项目阶段性总结、汇报	每月	A 公司信息中心管理层、B 公司管理层
电话	日常工作	按需	所有干系人
电子邮件	项目周报	每周	所有干系人
在线知识库	常见问题解决方案	随时	A 公司信息中心技术人员、A 公司业务部门人员、B 公司项目组成员

项目开展三个月后，B 公司管理层收到了 A 公司信息中心管理层的投诉：一是对项目的进展情况不了解；二是业务部门反馈服务热线总是占线。张伟解释：很难协调双方公司管理层同时到场，月度项目汇报现场会议一直未能召开；A 公司业务部门人员不知道有在线知识库，遇到的大小问题都打服务热线造成了占线。

【问题 1】（10 分）

结合案例，请指出张伟在项目沟通管理与干系人管理中存在的问题。

【问题 2】（6 分）

结合案例，请采用权力/利益方格对干系人进行分析，指出针对 A 公司管理层，B 公司行政部门、A 公司业务部门人员分别采用什么方式来管理，并给出理由。

【问题 3】（3 分）请将下面①～③处的答案填写完整。

案例中沟通的方式，会议属于　①　；电子邮件属于　②　；在线知识库属于　③　。

答题思路总解析

从本案例提出的三个问题，可以判断出：该案例分析主要考查的是项目沟通管理和项目干系人管理。根据"案例描述及问题"中画"＿＿"的文字，并结合项目管理经验，我们可以推断出，张伟在项目沟通管理与干系人管理中存在的问题主要有：①干系人分类存在问题，按权力/利益方格，干系人应该分成四类（这点从"干系人被分成三类"可以推导出）；②沟通管理计划编制得不科学（这点从"很难协调双方公司管理层同时到场"等信息可以推导出）；③沟通管理计划不能只由张伟一个人制订（这点从"张伟制订了项目沟通计划"可以推导出）；④沟通管理计划没有告知所有干系人（这点从"A 公司业务部门人员不知道有在线知识库"可以推导出）；⑤没有按沟通管理计划进行沟通（这点从"月度项目汇报现场会议一直未能召开"可以推导出）；⑥没有及时解决沟通中出现的问题，导致客户投诉；⑦干系人管理存在问题，导致客户投诉（这两点从"B 公司管理层收到了 A 公司信息中心管理层的投诉：一是对项目的进展情况不了解；二是业务部门反馈服务热线总是占线"可以推导出）。这 7 点用于回答**【问题 1】**，**【问题 2】**需要结合案例来回答，**【问题 3】**是纯理论性质的问题。（案例难度：★★★）

【问题 1】答题思路解析及参考答案

一、答题思路解析

根据"答题思路总解析"中的阐述可知，张伟在项目沟通管理与干系人管理中存在的问题主要有 7 点。（问题难度：★★★）

二、参考答案

张伟在项目沟通管理与干系人管理中存在的主要问题有：

（1）干系人分类存在问题，按权力/利益方格，干系人应该分成四类。

（2）沟通管理计划编制得不科学。

（3）沟通管理计划不能只由张伟一个人制订。

（4）沟通管理计划没有告知所有干系人。

（5）没有按沟通管理计划进行沟通。

（6）没有及时解决沟通中出现的问题，导致客户投诉。

（7）干系人管理存在问题，导致客户投诉。

【问题 2】答题思路解析及参考答案

一、答题思路解析

根据"答题思路总解析"中的阐述可知，该问题需要结合案例来回答。采用权力/利益方格对干系人进行分析，针对 A 公司管理层应该重点管理，因为 A 公司管理层权力大、利益大；针对 B 公司行政部门应该令其满意，因为 B 公司行政部门权力大、利益小；针对 A 公司业务部门人员应该随时告知，因为 A 公司业务部门人员权力小、利益大。（**问题难度：★★★**）

二、参考答案

采用权力/利益方格对干系人进行分析，针对 A 公司管理层应该重点管理，因为 A 公司管理层权力大、利益大；针对 B 公司行政部门应该令其满意，因为 B 公司行政部门权力大、利益小；针对 A 公司业务部门人员应该随时告知，因为 A 公司业务部门人员权力小、利益大。

【问题 3】答题思路解析及参考答案

一、答题思路解析

根据"答题思路总解析"中的阐述可知，该问题是理论性质的问题。案例中沟通的方式，会议属于交互式沟通；电子邮件属于推式沟通；在线知识库属于拉式沟通。（**问题难度：★★★**）

二、参考答案

案例中沟通的方式，会议属于交互式沟通；电子邮件属于推式沟通；在线知识库属于拉式沟通。

2023.05 试题一

【说明】阅读下列材料，请回答问题 1 至问题 3。

<u>案例描述及问题</u>

A 公司跨国收购了 B 公司的主营业务，保留了 B 公司原有的人员组织结构和内部办公系统。为了解决 B 公司内部办公系统与 A 公司原有系统不兼容的问题，财务、人力和行政部门联合向公司高层申请尽快启动系统和业务的整合。

A 公司领导指定 HR 总监王工担任项目经理，并要求整合工作 3 个月内完成。A 公司原有的办公系统由 IT 部门自主开发维护，IT 部门目前没有人员可以投入该项目。王工调研时发现 B 公司的办公系统是由 C 公司成熟的商业办公系统裁剪形成，决定<u>直接使用 C 公司的成熟系统</u>，并由 C 公司承接此项目。

C 公司依据 A 公司原有办公系统编写了需求说明书，报价 500 万元并承诺了 3 个月内完工，项目经理审核需求说明书的内容后，<u>申请了 500 万元项目经费</u>，并通知 C 公司按照需求说明书进行后续实施。

3 个月后，系统上线试运行。员工反馈新系统操作复杂烦琐，与原有办公系统流程不一致。即使简单的报销、请假都需要多次流转。另外系统的本地化也没有做好，附带的页面说明晦涩难懂，系统交互及翻译都是"直译"，没有考虑中外思维和文化差异，系统已经上线试运行，要想根本解决问题需要重新梳理和调整所有交互方式，同时大量员工反映，页面的访问和加载速度慢，严重影响办公效率。<u>分析发现 C 公司没有国内网络服务资源和资质，无法保证国内访问的速度和稳定性，需要追加费用租用国内 CDN 服务。</u>

【问题 1】（5 分）

结合案例，请指出项目在立项管理和需求管理方面存在的问题。

【问题 2】（5 分）

请简述需求文件包含的主要内容。

【问题 3】（5 分）

结合案例，判断下列说法的正误（正确的打"√"，错误的打"×"）。

（1）项目建议书也可与可行性研究报告合并，报送项目审批部门。　　　　（　　）

（2）初步可行性研究报告比较粗略，不对项目进行全面的描述分析。　　　（　　）

（3）作为系统集成供应商，需要在组织内为签署的设备采购类项目单独立项，以确保对合同责任加以约束和规范。　　　　　　　　　　　　　　　　　　　　　　　　（　　）

（4）只有通过初步可行性研究，认为项目基本可行后，才会开展详细的可行性研究工作。

（　　）

（5）项目评估是由第三方对拟建项目进行评价、分析和论证，目的是审查项目可行性研究的结论是否客观、真实、可靠。　　　　　　　　　　　　　　　　　　　　　　　（　　）

答题思路总解析

从本案例提出的三个问题，可以判断出：该案例分析主要考查的是项目立项管理和项目范围管理。根据"案例描述及问题"中画"＿＿"的文字，并结合项目管理经验，我们可以推断出，项目在立项管理和需求管理方面存在的问题主要有：①没有进行充分的项目可行性研究（这点从"为了解决 B 公司内部办公系统与 A 公司原有系统不兼容的问题，财务、人力和行政部门联合向公司高层申请尽快启动系统和业务的整合"可以推导出）；②A 公司领导指定 HR 总监王工担任项目经理存在问题，王工无项目管理经验（这点从"A 公司领导指定 HR 总监王工担任项目经理"可以推导出）；③没有进行必要的项目评估和需求分析就要求整合工作在 3 个月内完成存在问题（这点从"要求整合工作 3 个月内完成"可以推导出）；④没有进行项目招投标直接使用 C 公司作为供应商（这点从"直接使用 C 公司的成熟系统，并由 C 公司承接此项目"可以推导出）；⑤选用 C 公司时没有对 C 公司的服务能力进行考察和评价（这点从"分析发现 C 公司没有国内网络服务资源和资质"可以推导出）；⑥C 公司只是依据 A 公司原有办公系统编写了需求说明书，没有结合实际情况编写需求说明书（这点从"C 公司依据 A 公司原有办公系统编写了需求说明书"可以推导出）；⑦项目经理王工单独审核需求说明书不妥（这点从"项目经理审核需求说明书"可以推导出）；⑧项目经理没有召开相关会议对 C 公司的报价进行评审和论证（这点从"C 公司报价 500 万元"和"项目经理申请了 500 万元项目经费"可以推导出）。这 8 点用于回答【问题 1】,【问题 2】和【问题 3】是纯理论性质的问题。（案例难度：★★★）

【问题 1】答题思路解析及参考答案

一、答题思路解析

根据"答题思路总解析"中的阐述可知，项目在立项管理和需求管理方面存在的问题主要有 8 点。（问题难度：★★★）

二、参考答案

项目在立项管理和需求管理方面存在的问题主要有：

（1）没有进行充分的项目可行性研究。

（2）A 公司领导指定 HR 总监王工担任项目经理存在问题，王工无项目管理经验。

（3）没有进行必要的项目评估和需求分析就要求整合工作在 3 个月内完成存在问题。

（4）没有进行项目招投标直接使用 C 公司作为供应商。

（5）选用 C 公司时没有对 C 公司的服务能力进行考察和评价。

（6）C 公司只是依据 A 公司原有办公系统编写了需求说明书，没有结合实际情况编写需求说明书。

（7）项目经理王工单独审核需求说明书不妥。

（8）项目经理没有召开相关会议对 C 公司的报价进行评审和论证。

【问题 2】答题思路解析及参考答案

一、答题思路解析

根据"答题思路总解析"中的阐述可知，该问题是理论性质的问题。需求文件包含的主要内容有：①业务需求；②干系人需求；③解决方案需求；④过渡和就绪需求；⑤项目需求；⑥质量需求。（问题难度：★★★）

二、参考答案

需求文件包含的主要内容有：①业务需求；②干系人需求；③解决方案需求；④过渡和就绪需求；⑤项目需求；⑥质量需求。

【问题 3】答题思路解析及参考答案

一、答题思路解析

根据"答题思路总解析"中的阐述可知，该问题是理论性质的问题。"项目建设单位可以规定对于规模较小的系统集成项目省略项目建议书环节，而将其与项目可行性分析阶段进行合并"，所以（1）正确；"初步可行性研究报告虽然比详细可行性研究报告粗略，但是对项目已经有了全面的描述、分析和论证"，所以（2）错误；"单一的设备采购类项目无须单独立项"，所以（3）错误；"如果就投资可行性进行了项目机会研究，那么项目的初步可行性研究阶段往往可以省去"，所以

（4）错误；（5）正确。（**问题难度：★★★**）

二、参考答案

（1）（√）　　（2）（×）　　（3）（×）　　（4）（×）　　（5）（√）

2023.05 试题三

【**说明**】阅读下列材料，请回答问题 1 至问题 3。

案例描述及问题

某公司有自己的质量管理体系，其中配置管理程序已运行多年，由项目经理牵头组建变更控制委员会（CCB），在创建配置管理环境后，并经过变更申请、变更评估、变更实施后，方可发布配置基线的变化。

通常公司项目在软件封版后，再做一次发布验证，通过后即可上线。近日，项目 A 已封版。版本号为 10.5.0。但项目经理收到测试人员的反馈，封版软件上发现多个问题，其中有两个问题严重影响用户体验。于是项目经理安排研发人员紧急解决。并向配置管理员提出变更申请。研发人员在 10.5.0 版本上导入【问题 1】的修改后，将版本号更新为 10.6.0；在 10.5.0 版本上导入【问题 2】的修改后，将版本更新为 11.0.0。新版本由项目经理发布给项目组。

【**问题 1**】（10 分）

结合案例，请指出项目 A 在配置管理中存在的问题。

【**问题 2**】（6 分）

结合案例填写下表，为每个角色指派合适的工作职责（用"√"表示负责对应工作）。

工作职责	CCB	配置管理员	项目经理	测试人员	研发人员
编制配置计划					
创建配置管理环境					
变更评估					
变更实施					
变更验证					
变更发布					

【**问题 3**】（4 分）

判断下列说法的正误（正确的填写"√"，错误的填写"×"）。

（1）信息系统相关信息（文档）具有永久性。　　　　　　　　　　（　　）

（2）按开发任务建立相应的配置库，适用于通用软件的开发组织。　　（　　）

（3）配置控制是配置管理过程的基础。　　　　　　　　　　　　　　　（　　）

（4）每个产品都有配置基线，一个产品只有一个配置基线。　　　　　　（　　）

答题思路总解析

从本案例提出的三个问题，可以判断出：该案例分析主要考查的是项目配置管理。根据"案例描述及问题"中画"＿＿"的文字，并结合项目管理经验，我们可以推断出，项目 A 在配置管理中存在的问题主要有：①没有制订配置管理计划；②配置管理流程存在问题，变更实施后应该进行变更验证才能进行变更发布（这两点从"某公司有自己的质量管理体系，其中配置管理程序已运行多年，由项目经理牵头组建变更控制委员会（CCB），在创建配置管理环境后，并经过变更申请、变更评估、变更实施后，方可发布配置基线的变化"可以推导出）；③版本号管理存在问题，封版后的版本号应该是两位不应该是三位（这点从"项目 A 已封版。版本号为 10.5.0"可以推导出）；④先安排问题解决，后申请变更，变更流程不正确（这点从"项目经理安排研发人员紧急解决。并向配置管理员提出变更申请。"可以推导出）；⑤没有建立配置库，如开发库、受控库、产品库（这点从"研发人员在 10.5.0 版本上导入【问题 1】"可以推导出）；⑥应该是在新版本上修改新问题，而不是在原版上修改新问题，否则会覆盖掉已经修改好的问题（这点从"在 10.5.0 版本上导入【问题 2】"可以推导出）；⑦版本号升级错误，不能由 10.6 直接升到 11.0（这点从"将版本更新为 11.0.0"可以推导出）；⑧新版本由项目经理发布给项目组存在问题，应该由配置管理员发布（这点从"新版本由项目经理发布给项目组"可以推导出）。这 8 点用于回答【问题 1】,【问题 2】和【问题 3】是纯理论性质的问题。（**案例难度：★★★**）

【问题 1】答题思路解析及参考答案

一、答题思路解析

根据"答题思路总解析"中的阐述可知，项目 A 在配置管理中存在的问题主要有 8 点。（**问题难度：★★★**）

二、参考答案

项目 A 在配置管理中存在的问题有：

（1）没有制订配置管理计划。

（2）配置管理流程存在问题，变更实施后应该进行变更验证才能进行变更发布。

（3）版本号管理存在问题，封版后的版本号应该是两位不应该是三位。

（4）先安排解决，后申请变更，变更流程不正确。

（5）没有建立配置库，如开发库、受控库、产品库。

（6）应该是在新版本上修改新问题，而不是在原版上修改新问题，否则会覆盖掉已经修改好的问题。

（7）版本号升级错误，不能由 10.6 直接升到 11.0。

（8）新版本由项目经理发布给项目组存在问题，应该由配置管理员发布。

【问题2】答题思路解析及参考答案

一、答题思路解析

根据"答题思路总解析"中的阐述可知，该问题是理论性质的问题。根据配置管理各角色的职责，我们可以知道："编制配置计划""创建配置管理环境"和"变更发布"是配置管理员的职责；"变更评估"是CCB的职责；"变更实施"是项目经理和开发人员的职责（项目经理安排具体的开发人员执行变更实施，具体的开发人员落实变更实施）；"变更验证"是测试人员的职责。**（问题难度：★★★）**

二、参考答案

工作职责	CCB	配置管理员	项目经理	测试人员	研发人员
编制配置计划		√			
创建配置管理环境		√			
变更评估	√				
变更实施			√		√
变更验证				√	
变更发布		√			

【问题3】答题思路解析及参考答案

一、答题思路解析

根据"答题思路总解析"中的阐述可知，该问题是理论性质的问题。（1）正确；"按开发任务建立相应的配置库，适用于专业软件的开发组织"，所以（2）错误；"制订配置管理计划是配置管理过程的基础"，所以（3）错误；"一个产品可以有多个基线"，所以（4）错误。**（问题难度：★★★）**

二、参考答案

（1）（√）　　　（2）（×）　　　（3）（×）　　　（4）（×）

2023.05 试题四

【说明】阅读下列材料，请回答问题1至问题3。

<u>案例描述及问题</u>

某安全监控设备生产商立项研发高清安全监控解决方案，方案中包括监控设备、配备大容量存储器的主机和配套监控软件，小安被任命为项目经理。

在需求分析阶段，项目需要提高监控录像的清晰度，并同步记录音频数据。<u>项目组认为将标清</u>

摄像头更换为高清带收音的摄像头成本太高。为了节约成本，项目组准备在原有方案中增加麦克风，并且通过软件对视频数据进行算法处理的方式，提高清晰度。

小安将两种方案细化如下：

方案一：直接更换高清带收音摄像头。高清带收音摄像头价格为60元/个，自带处理数据软件，直接生成720p有声高清数据且夜视也非常清晰。该方案的客户满意度为80%。

方案二：增加麦克风和视频处理算法。标清摄像头价格为23元/个，麦克风价格为1元/个，视频处理算法软件费用折算为2元/个，视频算法软件处理后原标清视频数据的清晰度可以提高，但暗光下的视频无法优化。由于视频数据与音频数据分别单独存储，只能分别查看，此方案的客户满意度仅为35%。

【问题1】（8分）

请结合案例，请指出本项目的两个方案分别存在哪些风险。

【问题2】（5分）（为与新教程知识体系保持一致性，编者对该问题进行了修改）

请写出"监督风险"过程的主要工作内容。

【问题3】（5分）（为与新教程知识体系保持一致性，编者对该问题进行了修改）

请将下面（1）～（4）的答案填写完整。按照后果的不同，风险可划分为___（1）___和___（2）___；按照风险来源或损失产生的原因可将风险划分为___（3）___和___（4）___。

答题思路总解析

从本案例提出的三个问题，可以判断出：该案例分析主要考查的是项目风险管理。根据"案例描述及问题"中画"___"的文字，并结合项目管理经验，我们可以推断出，方案一的风险有：①成本过高的风险；②成本高导致售价高，可能导致销量小的风险；③与原有技术方案匹配风险（这些风险从"项目组认为将标清摄像头更换为高清带收音的摄像头成本太高""通过软件对视频数据进行算法处理的方式，提高清晰度"和"高清带收音摄像头价格为60元/个，自带处理数据软件"可以推导出）。方案二的风险有：①与原有技术方案匹配风险；②产品质量偏低的风险；③处理算法性能达不到要求的风险；④视频和音频数据单独存储引发功能变更的风险；⑤客服满意度低的风险；⑥产品性能低，可能导致销量小的风险（这些风险从"项目组认为将标清摄像头更换为高清带收音的摄像头成本太高""通过软件对视频数据进行算法处理的方式，提高清晰度""视频算法软件处理后原标清视频数据的清晰度可以提高，但暗光下的视频无法优化""视频数据与音频数据分别单独存储"和"此方案的客户满意度仅为35%"可以推导出）。以上用于回答**【问题1】**,**【问题2】**和**【问题3】**是纯理论性质的问题。（**案例难度：★★★**）

【问题1】答题思路解析及参考答案

一、答题思路解析

根据"答题思路总解析"中的阐述可知，方案一主要有3个风险，方案二主要有6个风险。（**问题难度：★★★**）

二、参考答案

方案一的风险：

（1）成本过高的风险。

（2）成本高导致售价高，可能导致销量小的风险。

（3）与原有技术方案匹配风险。

方案二的风险：

（1）与原有技术方案匹配风险。

（2）产品质量偏低的风险。

（3）处理算法性能达不到要求的风险。

（4）视频和音频数据单独存储引发功能变更的风险。

（5）客服满意度低的风险。

（6）产品性能低，可能导致销量小的风险。

【问题2】答题思路解析及参考答案

一、答题思路解析

根据"答题思路总解析"中的阐述可知，该问题是理论性质的问题。"监督风险"过程的主要工作内容有：监督商定的风险应对计划的实施、跟踪已识别风险、识别和分析新风险以及评估风险管理有效性。（**问题难度：★★★**）

二、参考答案

"监督风险"过程的主要工作内容有：监督商定的风险应对计划的实施、跟踪已识别风险、识别和分析新风险以及评估风险管理有效性。

【问题3】答题思路解析及参考答案

一、答题思路解析

根据"答题思路总解析"中的阐述可知，该问题是理论性质的问题。按照后果的不同，风险可划分为（纯粹风险）和（投机风险）；按照风险来源或损失产生的原因可将风险划分为（自然风险）和（人为风险）。（**问题难度：★★★**）

二、参考答案

"监督风险"过程的主要工作内容有：监督商定的风险应对计划的实施、跟踪已识别风险、识别和分析新风险以及评估风险管理有效性。

2023.11（一批次）试题一

【说明】阅读下列材料，请回答问题1至问题3。

案例描述及问题

某大型国企 A 与长期合作的系统集成商 B 签订了总承包合同。为了扩容，集成商 B 将原计划在总承包合同中的部分任务调整为使用外采 PaaS 服务，由于时间紧任务重，集成商 B 即刻开始编制公开招标文件外采 PaaS 服务，并于 7 月 22 日发出招标公告，规定投标截止时间为 8 月 8 日 18 时。到了截止时间，总共收到了两家公司的投标书。一家是业内成熟的云服务提供商，另一家是某大型互联网企业 C 新成立的云服务事业部。集成商 B 的总经理王总、项目经理小陈、2 位行业专家组成了评标委员会，对两家公司进行了评标，并最终根据报价选定了接近成本价的 C 公司，签订了 2 年的合同，系统上线运行 20 个月时，C 公司进行业务重组，裁撤了效益不好的云服务事业部，已开通的服务将在 1 个月后停止服务。B 公司重新采购和迁移系统服务将会导致相关业务无法开展。B 向 A 说明了情况，A 以不了解相关情况为由，坚持要求 B 按合同执行。

【问题1】结合案例，请简要分析集成商 B 的做法存在的问题。

【问题2】案例中 A 要求 B 按照合同执行是否合适？并说明原因。

【问题3】请列出实施采购过程的输入。

答题思路总解析

从本案例提出的三个问题，可以判断出：该案例分析主要考查的是项目采购管理。根据"案例描述及问题"中画"＿＿＿"的文字并结合《中华人民共和国政府采购法》，我们可以推断出集成商 B 的做法存在的问题主要有：①发出招标公告到截止投标时间不满 20 日（这点从"于 7 月 22 日发出招标公告，规定投标截止时间为 8 月 8 日 18 时"可以推导出）；②投标人少于 3 个不得开标，应重新招标（这点从"到了截止时间，总共收到了两家公司的投标书"可以推导出）；③评标委员会只有 4 人，评标委员会应由 5 人以上单数组成，并且经济技术方面的专家不得少于 2/3（这点从"集成商 B 的总经理王总、项目经理小陈、2 位行业专家组成了评标委员会"可以推导出）；④评标时不能仅仅根据报价低选择供应商，应进行综合评价（这点从"根据报价选定了接近成本价的 C 公司"可以推导出）；⑤B 公司未提前识别 C 公司有可能停止服务的风险（这点从"系统上线运行 20 个月时，C 公司进行业务重组，裁撤了效益不好的云服务事业部，已开通的服务将在 1 个月后停止服务"可以推导出）；⑥B 公司与 C 公司签订分包合同时，没有告知 A 公司（这点从"A 以不了解相关情况为由，坚持要求 B 按合同执行"可以推导出）。以上 6 点用于回答【问题1】，【问题2】和【问题3】是纯理论性质的问题，与本案例没什么关系。（**案例难度：★★★**）

【问题1】答题思路解析及参考答案

一、答题思路解析

根据"答题思路总解析"中的阐述可知，集成商 B 的做法存在的问题主要有 6 点。（**问题难度：★★★**）

二、参考答案

集成商 B 的做法存在的问题主要有：

（1）发出招标公告到截止投标时间不满 20 日。

（2）投标人少于 3 个不得开标，应重新招标。

（3）评标委员会只有 4 人，评标委员会应由 5 人以上单数组成，并且经济技术方面的专家不得少于 2/3。

（4）评标时不能仅仅根据报价低选择供应商，应进行综合评价。

（5）B 公司未提前识别 C 公司有可能停止服务的风险。

（6）B 公司与 C 公司签订分包合同时，没有告知 A 公司。

【问题 2】答题思路解析及参考答案

一、答题思路解析

从"答题思路总解析"的描述中，我们知道该问题属于纯理论性质的问题，与本案例关系不大。A 要求 B 按照合同执行不合适，因为根据《中华人民共和国民法典》中的相关内容：对于合同不明确的情况，应当先协商，达成补充协议；不能达成补充协议的，依照合同有关条款或交易习惯确定。（**问题难度：★★★**）

二、参考答案

案例中 A 要求 B 按照合同执行不合适，因为对于合同不明确的情况，应当先协商，达成补充协议；不能达成补充协议的，依照合同有关条款或交易习惯确定。

【问题 3】答题思路解析及参考答案

一、答题思路解析

从"答题思路总解析"的描述中，我们知道该问题属于纯理论性质的问题，与本案例关系不大。实施采购过程的输入有：项目管理计划、项目文件、采购文档、卖方建议书、事业环境因素、组织过程资产等。（**问题难度：★★★**）

二、参考答案

实施采购过程的输入有：项目管理计划、项目文件、采购文档、卖方建议书、事业环境因素、组织过程资产等。

2023.11（一批次）试题三

【说明】阅读下列材料，请回答问题 1 至问题 3。

案例描述及问题

某系统集成公司中标本市商业银行信息系统建设项目，该项目根据客户业务需求，对社保基金财务系统、对公联户管理系统等26个系统进行开发建设。作为投标工作的负责人，老刘任命小孙为项目经理，一起编写了项目管理计划，由于工期紧张，仅确定了团队成员、进度计划、大概的预算后组织相关人员开始各个系统的开发建设工作。

关于安全设备，小孙认为可以由合作多年的密码设备厂商A按需供货，于是按照厂商A的接口进行了开发。几个月后，项目集成测试时，发现厂商A在半年前被清除出公司供应商名录，项目组不得不联系采购部重新寻找新的供应商。为了不影响项目整体进度，小孙直接按照架构调节方案安排项目中80%的开发人员按照新方案进行开发，导致集成测试中发现的问题无法及时修复。

【问题1】分析案例，请从项目整合管理的角度指出项目当前存在的问题。

【问题2】请列出项目经理作为整合者必须完成的工作。

【问题3】判断正误（正确的选择"√"，错误的选择"×"）。

（1）在项目管理中，整合管理兼具统一、合并、沟通和建立联系的性质，项目整合管理贯穿项目始终。　　　　　　　　　　　　　　　　　　　　　　　　　　　（　）

（2）为了更好地了解项目的目的、目标和预期收益，以便更有效地分配项目资源，项目章程一般由项目经理编制。　　　　　　　　　　　　　　　　　　　　　　　（　）

（3）制订项目管理计划是定义、准备和协调项目计划的所有组成部分，把它们整合成一份综合项目管理计划的过程，本过程仅开展一次或在项目预定义时开展。　　　　（　）

（4）在整个项目生命周期的任何时间，参与项目的任何干系人都可以提出变更请求。　（　）

（5）在项目执行过程中，如果对基准进行了变更，可以基于新版本的基准来调整现在的绩效。
　　　　　　　　　　　　　　　　　　　　　　　　　　　　　　　　　　　　　（　）

答题思路总解析

从本案例提出的三个问题，可以判断出：该案例分析主要考查的是项目整合管理。根据"案例描述及问题"中画"＿＿＿"的文字并结合我们的工作经验，我们可以推断出项目在整合管理方面存在的问题主要有：①没有制订项目章程就开展项目的具体工作；②项目管理计划没有经过评审和审批；③项目管理计划制订得不完整（这三点从"作为投标工作的负责人，老刘任命小孙为项目经理，一起编写了项目管理计划，由于工期紧张，仅确定了团队成员、进度计划、大概的预算后组织相关人员开始各个系统的开发建设工作"可以推导出）；④小孙没有经过甄选就直接选择密码设备厂商A供货，后来发现厂商A在半年前被清除出公司供应商名录，项目组需要重新寻找新的供应商，从而给项目后续工作带来了很大影响（这点从"小孙认为可以由合作多年的密码设备厂商A按需供货"和"发现厂商A在半年前被清除出公司供应商名录，项目组不得不联系采购部重新寻找新的供应商"可以推导出）；⑤工作安排得不科学、不合理，导致集成测试中发现的问题无法及时修复（这点从"小孙直接按照架构调节方案安排项目中80%的开发人员按照新方案进行开发，导致集成测试中发现的问题无法及时修复"可以推导出）。以上5点用于回答【问题1】，【问题2】需要将理论和项目管理经验相结合来作答，【问题3】属于纯理论性质的问题，【问题2】和【问题3】与案例没什么关系。（案例难度：★★★）

【问题 1】答题思路解析及参考答案

一、答题思路解析

根据"答题思路总解析"中的阐述可知，从项目整体管理的角度看，项目当前存在的问题主要有 5 点。（问题难度：★★★）

二、参考答案

从项目整体管理的角度看，项目当前存在的问题主要有：

（1）没有制订项目章程就开展项目的具体工作。

（2）项目管理计划没有经过评审和审批。

（3）项目管理计划制订得不完整。

（4）小孙没有经过甄选就直接选择密码设备厂商 A 供货，后来发现厂商 A 在半年前被清除出公司供应商名录，项目组需要重新寻找新的供应商，从而给项目后续工作带来了很大影响。

（5）工作安排得不科学、不合理，导致集成测试中发现的问题无法及时修复。

【问题 2】答题思路解析及参考答案

一、答题思路解析

从"答题思路总解析"的描述中，我们知道该问题需要将理论和项目管理经验相结合来作答，与本案例关系不大。根据项目整合管理理论、结合项目管理经验，本题比较容易回答。（问题难度：★★★）

二、参考答案

作为整合者，项目经理必须：

（1）整合项目干系人的需求和期望。

（2）整合项目中有限的资源。

（3）整合项目管理的工具和技术成功实现项目目标。

【问题 3】答题思路解析及参考答案

一、答题思路解析

从"答题思路总解析"的描述中，我们知道该问题属于理论性质的问题，与本案例关系不大。（1）正确；项目章程一般由项目发起人编制，所以（2）错误；（3）正确；（4）正确；新版本的基准只能用来衡量项目未来的绩效，不能用于调整现在的绩效，所以（5）错误。（问题难度：★★★）

二、参考答案

（1）√　　（2）×　　（3）√　　（4）√　　（5）×

2023.11（二批次）试题一

【说明】阅读下列材料，请回答问题 1 至问题 3。

案例描述及问题

为进军票务服务领域，某初创公司 A 拟搭建一个全覆盖的票务平台。由于票务业务涉及内容繁杂，票务平台分为四个部分：基础平台、电影票、公园门票和剧场剧院。在需求分析中发现，每个部分均需要对接外部服务提供商，并根据业务需要签订不同类型的合同。

【基础平台】需要搭建核心的服务平台，软件开发主要由公司的自有开发团队承担，由于公司还没有建立测试团队，所以与人力外包公司 B 签订劳务服务合同（1），5 位测试工程师到 A 公司来进行测试工作 5 个月，每人每月 8 千元劳务费。基础平台中支付功能是最重要的功能，A 公司与业界普遍使用的两家支付公司 C 和 D 分别签订合同（2），接入其支付服务，按照支付流水的 0.05% 支付服务费。

【电影票】调研发现服务提供商提供全套的电影票业务。B 公司经过多年的深耕，其系统已经接入几乎所有影院，有方便的查询排片和图形化页面选座，还提供会员卡服务。而且其系统已经为多家公司提供服务，有完整的服务解决方案。经过成本分析，决定直接购买 B 的解决方案，以每年固定支付服务费的方式与 B 签订了长期服务合同（3），由 A 公司整体负责电影票相关业务模块。B 公司将此功能的开发自己完成，并将其测试任务以 30 万元的价格整体包给软件公司 F，与其签订合同（4）。

【公园门票】通过调研发现，用户实名认证是必须具备的功能，考虑到其他业务也可以使用实名认证功能，所以将实名认证功能并入基础平台业务中。A 公司与实名认证公司签订 5 年的服务合同（5），首年服务费 10 万元，之后每年递增 10%。

【剧场剧院】为了获得更好收益，A 公司与某大剧院达成一致，独家承担大剧院的票务服务。A 公司按照票面价格的 5% 收取服务费，如果每年通过 A 公司售票平台获得的净收入超过 8 千万元，则大剧院额外支付给 A 公司 5% 的服务费，双方签订了合同（6）。

【问题1】请说明通常合同中包括的主要内容。

【问题2】请从下列选项中找出案例中六个合同的类型的正确选项。

如：合同编号 1：BF

A. 总承包合同

B. 单项工程承包合同

C. 分包合同

D. 总价合同

E. 成本补偿合同

F. 工料合同

【问题3】请正确填写以下内容。（为与新教程知识体系保持一致性，编者对该问题进行了修改）

（1）（　　）用于向潜在卖方征求建议书。

（2）（　　）是合同验收的一个关键指标。

（3）以项目付款方式为标准进行划分，通常可将合同分为两大类，即（　　）和（　　）。

答题思路总解析

从本案例提出的三个问题，可以判断出：该案例分析主要考查的是项目采购管理。**【问题1】**和**【问题3】**是纯理论性质的问题，与本案例没什么关系；**【问题2】**需要根据合同类型结合案例描述进行作答。（**案例难度：★★★**）

【问题1】答题思路解析及参考答案

一、答题思路解析

从"答题思路总解析"的描述中，我们知道该问题属于纯理论性质的问题。合同通常包括的内容有13项。（**问题难度：★★★**）

二、参考答案

通常合同中包括的主要内容有：①项目名称；②标的内容和范围；③项目的质量要求；④项目的计划、进度、地点、地域和方式；⑤项目建设过程中的各种期限；⑥技术情报和资料的保密；⑦风险责任的承担；⑧技术成果的归属；⑨验收的标准和方法；⑩价款、报酬（或使用费）及其支付方式；⑪违约金或者损失赔偿的计算方法；⑫解决争议的方法；⑬名词术语解释。

【问题2】答题思路解析及参考答案

一、答题思路解析

根据"答题思路总解析"中的阐述，该问题需要根据合同类型结合本案例描述进行作答。根据理论，结合案例中的相关描述，我们不难判断："与人力外包公司B签订劳务服务合同，5位测试工程师到A公司来进行测试工作5个月，每人每月8千元劳务费"，这属于单项工程承包合同、工料合同；"与业界普遍使用的两家支付公司C和D分别签订合同，接入其支付服务，按照支付流水的0.05%支付服务费"，这属于单项工程承包合同、成本补偿合同；"决定直接购买B的解决方案，以每年固定支付服务费的方式与B签订了长期服务合同，由A公司整体负责电影票相关业务模块"，这属于总承包合同、总价合同；"B公司将此功能的开发自己完成，并将其测试任务以30万元的价格整体包给软件公司F，与其签订合同"，这属于分包合同、总价合同；"A公司与实名认证公司签订5年的服务合同，首年服务费10万元，之后每年递增10%"，这属于单项工程承包合同、总价合同；"A公司按照票面价格的5%收取服务费，如果每年通过A公司售票平台获得的净收入超过8千万元，则大剧院额外支付给A公司5%的服务费，双方签了合同"，这属于单项工程承包合同、成本补偿合同。（**问题难度：★★★**）

二、参考答案

合同编号 1：BF；合同编号 2：BE；合同编号 3：AD；合同编号 4：CD；合同编号 5：BD；合同编号 6：BE。

【问题 3】答题思路解析及参考答案

一、答题思路解析

从"答题思路总解析"的描述中，我们知道该问题属于纯理论性质的问题。招标文件用于向潜在卖方征求建议书。质量验收标准是合同验收的一个关键指标。以项目付款方式为标准进行划分，通常可将合同分为两大类，即总价合同和成本补偿合同。**（问题难度：★★★）**

二、参考答案

通常合同中包括的主要内容有：

（1）（招标文件）用于向潜在卖方征求建议书。

（2）（质量验收标准）是合同验收的一个关键指标。

（3）以项目付款方式为标准进行划分，通常可将合同分为两大类，即（总价合同）和（成本补偿合同）。

2023.11（二批次）试题三

【说明】阅读下列材料，请回答问题 1 至问题 3。

<u>案例描述及问题</u>

大型物流集团公司 Flow 收购了物流公司 Power，原 Power 公司的物流系统不再使用，需要进行数据迁移，该项目由 Flow 公司的研发中心来承接并指定研发经理小刘作为项目经理。小刘调研了 Power 公司物流系统数据架构，分析了两个系统数据的共同点和差异性。根据项目经验，小刘预估需要 5 名开发工程师，2 名测试工程师，4 周时间进行开发和测试，1 周时间进行数据迁移。小刘申请到了 7 个人组成项目小组，其中包括来自 Power 公司研发部的 3 名研发工程师。小刘拟定了一份项目章程发送给所有人，抄送给研发总监，项目正式开始。由于项目时间短，小刘没有做项目管理计划。项目开始的第一周，小刘组织项目小组成员开会布置任务，其中 3 位来自 Power 公司的开发工程师未到场开会，所以通过邮件进行了通知。到项目的第四周，测试按计划准备开始验证时发现部分功能没有实现，调查后小刘发现 3 位来自 Power 公司的开发工程师还没有开始工作。工程师们反馈说邮件收到了，一直在处理之前遗留的任务，没有时间做这个项目。于是小刘将 3 位来自 Power 公司的研发工程师调到 Flow 公司办公地点进行开发工作，并通知研发总监项目将延期 3 周。

【问题 1】结合案例，请分析该项目在整合管理中存在的问题。

【问题2】请简述在项目整合管理中，"指导与管理项目工作"过程的主要作用是什么。"指导与管理项目工作"过程包括哪些工作内容。（**为与新教程知识体系保持一致性，编者对该问题进行了修改**）

【问题3】判断正误（正确的选择"√"，错误的选择"×"）。

（1）实施整体变更控制过程贯穿项目始终，并且应用于项目的各个阶段。（　　）

（2）项目的所有的变更请求必须以书面方式进行记录。（　　）

（3）项目的所有变更都必须由发起人来决策是否实施整体变更控制过程。（　　）

（4）每次变更发生后，由此变更的所有相关人员组成变更控制委员会（CCB）并进行决策。

（　　）

答题思路总解析

从本案例提出的三个问题，可以判断出：该案例分析主要考查的是项目整合管理。根据"案例描述及问题"中画"＿＿＿"的文字并结合我们的项目管理经验，可以推断出该项目在整合管理中存在的主要问题有：①小刘是研发经理，可能不具备足够的项目管理能力（这点从"该项目由 Flow 公司的研发中心来承接并指定研发经理小刘作为项目经理"可以推导出）；②项目经理自行拟定项目章程并发给所有人不妥，项目章程应该由项目发起人发布（这点从"小刘拟定了一份项目章程发送给所有人"可以推导出）；③没有制订项目管理计划（这点从"小刘没有做项目管理计划"可以推导出）；④3 位来自 Power 公司的开发工程师没有参与开工会议，导致他们没有配合完成被分派的项目工作（这点从"3 位来自 Power 公司的开发工程师未到场开会"和"小刘发现 3 位来自 Power 公司的开发工程师还没有开始工作"可以推导出）；⑤监控项目工作不到位，准备验证时才发现部分功能没实现（这点从"开始验证时发现部分功能没有实现"可以推导出）；⑥没有实施整体变更控制就变更进度计划（这点从"通知研发总监项目将延期 3 周"可以推导出）。以上 6 点用于回答【问题1】；【问题2】和【问题3】属于纯理论性质的问题，与案例没什么关系。（**案例难度：★★★**）

【问题1】答题思路解析及参考答案

一、答题思路解析

根据"答题思路总解析"中的阐述可知，该项目在整合管理中存在的问题主要有 6 点。（**问题难度：★★★**）

二、参考答案

该项目在整合管理中存在的问题主要有：

（1）小刘是研发经理，可能不具备足够的项目管理能力。

（2）项目经理自行拟定项目章程并发给所有人不妥，项目章程应该由项目发起人发布。

（3）没有制订项目管理计划。

（4）3 位来自 Power 公司的开发工程师没有参与开工会议，导致他们没有配合完成被分派的项目工作。

（5）监控项目工作不到位，准备验证时才发现部分功能没实现。

（6）没有实施整体变更控制就变更进度计划。

【问题 2】答题思路解析及参考答案

一、答题思路解析

从"答题思路总解析"的描述中，我们知道该问题属于纯理论性质的问题。"指导与管理项目工作"过程的主要作用是对项目工作和可交付成果开展综合管理，以提高项目成功的可能性。"指导与管理项目工作"过程包括的工作内容有：为实现项目目标而领导和执行项目管理计划中所确定的工作，并实施已批准的变更请求；该过程包括执行项目管理计划的各种项目活动，已完成项目可交付成果并达成项目目标，并识别必要的项目变更，提出变更请求。**（问题难度：★★★）**

二、参考答案

"指导与管理项目工作"过程的主要作用是对项目工作和可交付成果开展综合管理，以提高项目成功的可能性。

"指导与管理项目工作"过程包括的工作内容有：为实现项目目标而领导和执行项目管理计划中所确定的工作，并实施已批准的变更请求；该过程包括执行项目管理计划的各种项目活动，已完成项目可交付成果并达成项目目标，并识别必要的项目变更，提出变更请求。

【问题 3】答题思路解析及参考答案

一、答题思路解析

从"答题思路总解析"的描述中，我们知道该问题属于纯理论性质的问题。（1）正确；（2）正确；项目的所有变更按流程实施整体变更控制，不是由发起人决策的，所以（3）错误；CCB 是事先成立的，不是每次变更发生后组建的，所以（4）错误。**（问题难度：★★★）**

二、参考答案

（1）√　（2）√　（3）×　（4）×

2023.11（二批次）试题四

【说明】阅读下列材料，请回答问题 1 至问题 3。

<u>案例描述及问题</u>

新能源汽车公司 Super Car 立项为其车型升级智能座舱系统，项目组由产品团队、硬件团队、软件团队、采购团队分别抽调人员组成，来自公司管理团队的小赵担任项目经理。项目需求的主要内容为：

- 硬件更新换代：更换原有的 8 寸显示屏为 11 寸 2K 高清显示屏，新增定制驾驶状态显示屏 1 个，9 寸座椅示屏 2 个，全向麦克风 2 个，立体声音箱 4 个，辅助定位雷达 2 个，辅助摄像头 4 个。
- 升级辅助驾驶能力：升级仪表数据系统并接入到驾驶状态显示屏，增加自动倒车功能，增强防按提醒和环境影像显示，升级车载娱乐系统。
- 升级语音智能助手，增强娱乐功能，增加儿童教育模块。

项目中发现的五个主要风险项如下：

1. 由于整车开发周期长和市场需求的快速变化，可能引起整车外观和硬件结构的巨大变更，以及硬件选型的更换。

2. 软件开发团队人员变动频繁，可能影响软件开发进度。

3. 集成测试预计整体外包，外包公司未做过此类项目，测试质量可能不达标。

4. 作为高科技公司，提倡各个项目申请专利并提供激励。

5. 儿童教育模块直接购买了第三方公司的资源，近期第三方公司发生数据泄露，导致交付时间延误。

【问题 1】 结合案例，请补充表格风险项应对措施相应的应对策略。

风险项	应对措施	应对策略
1	强化变更管理，每项变更严格执行变更流程	减轻
	采用模块化开发方法	
	强化客户参与度	
2	将开发任务外包给长期合作的研发团队	
	提高开发人员的福利待遇	
3	取消外包自己团队进行测试	
	寻找新的测试质量达标的外包商	
4	增加专利培训，组织专利挖掘会议，尽可能多申请专利	
	对申请专利设立绩效指标	
5	制订应急预案，启动预案处理机制	
	要求第三方公司购买相关安全保险补偿延期损失	

【问题 2】 请写出监督风险过程中常用的工具和方法。

【问题 3】 请将正确答案填写在空格内。（**为与新教程知识体系保持一致性，编者对该问题进行了修改**）

实施定性风险分析是评估并综合分析风险的____(1)____和____(2)____，对风险进行____(3)____，从而为后续分析或行动提供基础的过程。本过程的主要作用是重点关注____(4)____的风险。

答题思路总解析

从本案例提出的三个问题，可以判断出：该案例分析主要考查的是项目风险管理。【问题 1】需要将风险应对策略和本案例的描述相结合进行作答；【问题 2】和【问题 3】属于纯理论性质的问题，与案例没什么关系。（**案例难度：★★★**）

【问题 1】答题思路解析及参考答案

一、答题思路解析

根据"答题思路总解析"中的阐述可知，该问题需要将风险应对策略和本案例的描述相结合进行作答。

"采用模块化开发方法""强化客户参与度""提高开发人员的福利待遇""寻找新的测试质量达标的外包商"，这些都是降低消极风险发生的方案，所以是"减轻"策略；"将开发任务外包给长期合作的研发团队"和"要求第三方公司购买相关安全保险补偿延期损失"，是将风险转移给第三方外包公司来承担，所以是"转移"的策略；"取消外包自己团队进行测试"，从而让因为外包而可能发生的消极风险没有发生的环境和条件，所以是"规避"的策略；"增加专利培训，组织专利挖掘会议，尽可能多申请专利"和"对申请专利设立绩效指标"是增大积极风险发生的可能性，所以是"提高"的策略；"制订应急预案，启动预案处理机制"是事先制订方案在风险发生时使用，所以是"（主动）接受"的策略。（**问题难度：★★★**）

二、参考答案

风险项	应对措施	应对策略
1	强化变更管理，每项变更严格执行变更流程	减轻
	采用模块化开发方法	减轻
	强化客户参与度	减轻
2	将开发任务外包给长期合作的研发团队	转移
	提高开发人员的福利待遇	减轻
3	取消外包自己团队进行测试	规避
	寻找新的测试质量达标的外包商	减轻
4	增加专利培训，组织专利挖掘会议，尽可能多申请专利	提高
	对申请专利设立绩效指标	提高
5	制订应急预案，启动预案处理机制	（主动）接受
	要求第三方公司购买相关安全保险补偿延期损失	转移

【问题 2】答题思路解析及参考答案

一、答题思路解析

从"答题思路总解析"的描述中，我们知道该问题属于纯理论性质的问题，与本案例没什么关系。监督风险过程的工具和方法主要有：技术绩效分析、偏差分析、风险审计和会议等。**（问题难度：★★★）**

二、参考答案

监督风险过程的工具和方法主要有：技术绩效分析、偏差分析、风险审计和会议等。

【问题 3】答题思路解析及参考答案

一、答题思路解析

从"答题思路总解析"的描述中，我们知道该问题属于纯理论性质的问题，与本案例没什么关系。实施定性风险分析是评估并综合分析风险的概率和影响，对风险进行优先排序，从而为后续分析或行动提供基础的过程。本过程的主要作用是重点关注高优先级的风险。**（问题难度：★★★）**

二、参考答案

实施定性风险分析是评估并综合分析风险的（概率）和（影响），对风险进行（优先排序），从而为后续分析或行动提供基础的过程。本过程的主要作用是重点关注（高优先级）的风险。

2023.11（三批次）试题一

【说明】 阅读下列材料，请回答问题 1 至问题 3。

案例描述及问题

A 公司成立初期，公司管理层要求质量部建立公司的质量管理体系。由于公司处于快速发展时期，各业务部门工作繁忙，难以抽出人员配合质量管理体系建设。质量部便从网上下载了体系文件模板，对其进行修改并发布了 A 公司的质量管理体系文件。今年年初，公司中标本市"智慧人社"系统建设项目。公司领导对此项目非常重视，让公司资历最深的项目经理老牛负责该项目，并反复强调一定要保质保量完成。项目经理老牛任命管理专业应届毕业生小郝为质量管理专员，要求他按照公司质量管理体系要求，全权负责质量管理工作。小郝接到任务后，依据公司质量管理体系文件中的模板，自己制订出《项目质量管理计划》。小郝认为公司的质量管理体系文件是一套最佳实践，于是按照质量体系文件照搬了检查内容和频度。项目启动后，小郝按照《项目质量管理计划》对项目进行检查，由于工期紧张，项目成员不能积极配合小郝工作，经常抱怨小郝打乱了工作节奏。为了不给项目成员"添乱"，小郝在检查过程中发现问题都采取口头提醒的方式，有些实际存在的问题也未引起相关人员重视，导致类似问题多次发生。项目经理老牛在向客户做第一次季度汇报时，客户对项目交付表示不满。老牛组织召开内部会议，对项目启动以来的质量工作进行回顾。

【问题 1】结合案例，请简要描述项目中质量管理存在的问题。

【问题 2】（为与新教程知识体系保持一致性，编者对该问题进行了修改）

请简要描述项目的控制质量与管理质量的联系与区别。

【问题 3】（为与新教程知识体系保持一致性，编者对该问题进行了修改）

质量成本包含一致性成本和不一致性成本。培训、返工、测试产生的成本分别属于：　(1)　、
　(2)　、　(3)　。

备选项：A．一致性成本，B．不一致性成本

答题思路总解析

从本案例提出的三个问题可以判断出：该案例分析主要考查的是项目质量管理。根据"案例描述及问题"中画"＿＿"的文字并结合我们的项目管理经验，我们可以推断出该项目在质量管理中存在的主要问题有：①公司对质量管理工作不够重视，没有组织一个公司层面的团队来建立质量管理体系而仅仅只是要求质量部一个部门来建立公司的质量管理体系（这点从"公司管理层要求质量部建立公司的质量管理体系"可以推导出）；②质量管理体系的建设没有得到其他部门的支持和配合（这点从"各业务部门工作繁忙，难以抽出人员配合质量管理体系建设"可以推导出）；③质量部直接从网上下载体系文件模板，没有根据公司实际情况编写适合本公司的质量体系文件（这点从"质量部便从网上下载了体系文件模板，对其进行修改并发布了 A 公司的质量管理体系文件"可以推导出）；④没有选择有经验的人员担任质量管理专员，而是任命应届毕业生负责；⑤项目经理老牛也不重视质量管理工作，未对项目的质量管理工作给予应有的指导和监督（这两点从"项目经理老牛任命管理专业应届毕业生小郝为质量管理专员，要求他按照公司质量管理体系要求，全权负责质量管理工作"可以推导出）；⑥小郝照搬公司质量管理体系文件中的模板，没有根据项目实际情况制订项目质量管理计划；⑦小郝一个人制订项目质量管理计划，没有邀请项目组其他成员参与；⑧项目质量管理计划没有经过评审（这 3 点从"依据公司质量管理体系文件中的模板，自己制订出项目质量管理计划。小郝认为公司的质量管理体系文件是一套最佳实践，于是按照质量体系文件照搬了检查内容和频度"可以推导出）；⑨项目组成员质量意识淡薄，对质量管理不重视（这点从"项目成员不能积极配合小郝工作，经常抱怨小郝打乱了工作节奏"和"有些实际存在的问题也未引起相关人员重视"可以推导出）；⑩在检查过程中发现的质量问题，小郝只是口头提醒，没有出具正式的书面文件（这点从"小郝在检查过程中发现问题都采取口头提醒的方式"可以推导出）；⑪项目组相关人员不重视质量问题，导致类似问题多次发生（这点从"导致类似问题多次发生）。以上 11 点用于回答【问题 1】;【问题 2】和【问题 3】属于纯理论性质的问题，与案例没什么关系。（案例难度：★★★）

【问题 1】答题思路解析及参考答案

一、答题思路解析

根据"答题思路总解析"中的阐述可知，该项目在质量管理中存在的问题主要有 11 点。（**问题**

难度：★★★）

二、参考答案

项目中质量管理存在的问题主要有：

（1）公司对质量管理工作不够重视，没有组织一个公司层面的团队来建立质量管理体系而仅仅只是要求质量部一个部门来建立公司的质量管理体系。

（2）质量管理体系的建设没有得到其他部门的支持和配合。

（3）质量部直接从网上下载体系文件模板，没有根据公司实际情况编写适合本公司的质量体系文件。

（4）没有选择有经验的人员担任质量管理专员，而是任命应届毕业生负责。

（5）项目经理老牛也不重视质量管理工作，未对项目的质量管理工作给予应有的指导和监督。

（6）小郝照搬公司质量管理体系文件中的模板，没有根据项目实际情况制订项目质量管理计划。

（7）小郝一个人制订项目质量管理计划，没有邀请项目组其他成员参与。

（8）项目质量管理计划没有经过评审。

（9）项目组成员质量意识淡薄，对质量管理不重视。

（10）在检查过程中发现的质量问题，小郝只是口头提醒，没有出具正式的书面文件。

（11）项目组相关人员不重视质量问题，导致类似问题多次发生。

【问题2】答题思路解析及参考答案

一、答题思路解析

从"答题思路总解析"的描述中，我们知道该问题属于纯理论性质的问题。控制质量与管理质量的联系：①质量管理计划是质量控制与质量保证的共同依据；②控制质量与管理质量的共同目标都是确保项目成果满足既定的质量标准；③管理质量的输出是下一次控制质量的输入；④一定时间内控制质量的结果也是管理质量的审计对象。控制质量与管理质量的区别：①控制质量属于监控类工作，管理质量属于执行类工作；②控制质量是对工作结果的把关，即对可交付成果是否满足既定质量测量指标的验证和确认；③管理质量主要是对工作过程的开展是否符合相关标准和规范进行的检查活动。（问题难度：★★★）

二、参考答案

控制质量与管理质量的联系：

（1）质量管理计划是质量控制与质量保证的共同依据。

（2）控制质量与管理质量的共同目标都是确保项目成果满足既定的质量标准。

（3）管理质量的输出是下一次控制质量的输入。

（4）一定时间内控制质量的结果也是管理质量的审计对象。

控制质量与管理质量的区别：

（1）控制质量属于监控类工作，管理质量属于执行类工作。

（2）控制质量是对工作结果的把关，即对可交付成果是否满足既定质量测量指标的验证和确认。

（3）管理质量主要是对工作过程的开展是否符合相关标准和规范进行的检查活动。

【问题3】答题思路解析及参考答案

一、答题思路解析

从"答题思路总解析"的描述中，我们知道该问题属于纯理论性质的问题。质量成本包含一致性成本和不一致性成本。培训产生的成本属于一致性成本，返工产生的成本属于不一致性成本，测试产生的成本属于一致性成本。**（问题难度：★★）**

二、参考答案

质量成本包含一致性成本和不一致性成本。培训、返工、测试产生的成本分别属于：（一致性成本）、（不一致性成本）、（一致性成本）。

2023.11（三批次）试题三

【说明】 阅读下列材料，请回答问题1至问题3。

<u>案例描述及问题</u>

某集团领导层准备内部开发一个大数据平台，展示不同软件产品的实时数据，追踪不同软件产品的KPI。为赶上领导层要求的发布时间，<u>项目经理小王收集了各个软件目前支持的数据埋点后直接开始和项目团队进行大数据平台的开发并进行展现。展现时领导层发现数据太多，一些关键数据有缺失，并且表达方式不够直观。</u>小王的项目团队和领导层沟通后认为此次发布不达标，必须重新进行开发。小王根据项目管理的相关要求，重新整理了需求与领导层进行了确认，并沟通了发布时间。根据确认的需求，<u>小王制订了工作分解结构</u>，组织研发开始工作。这次开发过程中小王吸取了第一次的经验教训，<u>每周和领导团队沟通并随时添加不同领导希望的新需求</u>，开发团队严格执行小王安排的新需求，导致在发布时间未能完成。

【问题1】 结合案例，从项目范围管理的角度分析项目存在的问题。

【问题2】（为与新教程知识体系保持一致性，编者对该问题进行了修改）
请简述分解 WBS 需要注意哪些方面。

【问题3】 判断正误（正确的选择"√"，错误的选择"×"）。

（1）需求跟踪矩阵是把产品需求从其来源连接到能满足需求的可交付成果的一种表格。

（　　）

（2）创建工作分解结构是把项目可交付成果和项目工作分解成较小的、更易于管理的组件的过程。

（　　）

（3）范围基准由范围管理计划、工作分解结构和 WBS 词典组成。

（　　）

答题思路总解析

从本案例提出的三个问题，可以判断出：该案例分析主要考查的是项目范围管理。根据"案例描述及问题"中画"＿＿＿"的文字并结合我们的项目管理经验，我们可以推断出该项目在范围管理中存在的主要问题有：①项目经理小王没有编制范围管理计划和需求管理计划就直接收集并组织进行开发；②项目经理小王只收集了数据埋点，没有进行详细的需求收集和需求确认工作，没有形成相关的需求文件和需求跟踪矩阵（这两点从"项目经理小王收集了各个软件目前支持的数据埋点后直接开始和项目团队进行大数据平台的开发并进行展现"可以推导出）；③展示时数据太多，且数据缺失，表达不够直观，说明定义范围工作缺失，没有编制项目范围说明书（这点从"展现时领导层发现数据太多，一些关键数据有缺失，并且表达方式不够直观"可以推导出）；④创建 WBS 是项目经理一人完成的，没有邀请项目组相关成员共同参加（这点从"小王制订了工作分解结构"可以推导出）；⑤需求收集工作不科学、不充分，导致不断出现新需求；⑥对新增需求没有执行需求变更控制流程（这两点从"小王制订了工作分解结构"可以推导出）。以上 6 点用于回答【问题 1】；【问题 2】和【问题 3】属于纯理论性质的问题，与本案例没什么关系。（**案例难度：★★★**）

【问题 1】答题思路解析及参考答案

一、答题思路解析

根据"答题思路总解析"中的阐述可知，该项目在范围管理中存在的问题主要有 6 点。（**问题难度：★★★**）

二、参考答案

从项目范围管理的角度分析项目存在的问题主要有：

（1）项目经理小王没有编制范围管理计划和需求管理计划就直接收集并组织进行开发。

（2）项目经理小王只收集了数据埋点，没有进行详细的需求收集和需求确认工作，没有形成相关的需求文件和需求跟踪矩阵。

（3）展示时数据太多，且数据缺失，表达不够直观，说明定义范围工作缺失，没有编制项目范围说明书。

（4）创建 WBS 是项目经理一人完成的，没有邀请项目组相关成员共同参加。

（5）需求收集工作不科学、不充分，导致不断出现新需求。

（6）对新增需求没有执行需求变更控制流程。

【问题 2】答题思路解析及参考答案

一、答题思路解析

从"答题思路总解析"的描述中，我们知道该问题属于纯理论性质的问题。分解 WBS 需要注意 8 个方面。（**问题难度：★★★**）

二、参考答案

分解 WBS 需要注意如下方面：

（1）WBS 必须是面向可交付成果的。

（2）WBS 必须符合项目的范围。

（3）WBS 底层应该支持计划和控制。

（4）WBS 中的元素必须有人负责。

（5）WBS 应控制在 4～6 层。

（6）WBS 应包括项目工作（因为管理是项目具体工作的一部分），也要包括分包出去的工作。

（7）WBS 的编制需要主要项目干系人参与。

（8）WBS 并非一成不变，在完成 WBS 之后的工作中，仍然有可能需要对 WBS 进行修改。

【问题 3】答题思路解析及参考答案

一、答题思路解析

从"答题思路总解析"的描述中，我们知道该问题属于纯理论性质的问题。（1）正确；（2）正确；范围基准由（经批准的）项目范围说明书、工作分解结构和工作分解结构词典组成，所以（3）错误。（**问题难度：★★★**）

二、参考答案

（1）√，（2）√，（3）×。

2023.11（三批次）试题四

【说明】阅读下列材料，请回答问题 1 至问题 4。

案例描述及问题

某项目在上线前发现一个严重的 bug，经初步分析需要跨团队合作解决，涉及的合作团队包括浏览器团队、桌面开发团队、算法团队、智能聊天机器团队和系统架构设计师团队。因为项目时间紧张，需要在两天内修复完成。项目经理在企业聊天工具中创建一个"bug1234 修复方案"讨论群，每个研发队派出一名工程师参加，测试小组负责人也加入了群聊。项目经理发出调查问卷询问大家 19:00 召开视频会议讨论方案是否可以准时参加。19:00 视频会议准时开始，项目经理首先阐述了这次会议发起的背景，计划讨论的事项，会议的输出，希望大家共同努力完成问题修复。接着组织大家对这个 bug 的现象和原因进行分析，对各个维度的解决方案进行了头脑风暴，团队之间还提供了一些建议和意见。大家认为这个问题可以先由浏览器团队进行排查和解决，浏览器团队表示可以修改但是两天内完成修复比较困难。项目经理对大家热烈的讨论表示赞扬，希望其他研发团队给予浏览器团队全力支持，感谢大家一起讨论方案，互相帮助争取按照计划完成项目上线工作。最后项目经理把会议纪要以电子邮件的形式群发给所有参会人员和领导团队，记录这个事情重要信息和结论以便后续工作执行参考。

【问题1】

（1）结合案例，请写出项目经理分别采用了什么沟通方式。

①项目经理询问大家是否可以参加会议。

②项目经理希望其他研发团队给予浏览器团队全力支持。

③各研发团队讨论问题解决方案。

（2）请写出（1）中使用的沟通方式从控制程度角度从强到弱的排列次序。

（3）请写出（1）中使用的沟通方式从参与程度角度从强到弱的排列次序。

【问题2】请计算沟通渠道的数量。

【问题3】从即时性角度，判断下列沟通渠道是否为高等（即时性强），是的选择"√"，否的选择"×"。

（1）电子邮件（2）即时通讯（3）视频会议（4）群发邮件（5）面对面交谈

【问题4】会议的管理和控制是非常重要的，请分别说明项目经理在会前、会中和会后的注意事项。

答题思路总解析

从本案例提出的四个问题，可以判断出：该案例分析主要考查的是项目沟通管理。**【问题1】**需要将沟通方式的理论和案例两者相结合来回答；**【问题2】**考的是沟通渠道数的计算；**【问题3】**属于纯理论性质的问题，与案例没什么关系；**【问题4】**需要结合工作经验作答，与本案例没什么关系。（**案例难度：★★★**）

【问题1】答题思路解析及参考答案

一、答题思路解析

根据"答题思路总解析"中的阐述可知，该问题需要将沟通方式的理论和案例两者相结合来回答。我们知道，沟通方式有四种：参与/讨论、征询、推销/说明和叙述。四种沟通方式的参与程度和控制程度的强弱如下表所示：①项目经理询问大家是否可以参加会议，是征询的沟通方式；②项目经理希望其他研发团队给予浏览器团队全力支持，是叙述的沟通方式；③各研发团队讨论问题解决方案是参与/讨论的沟通方式。参与程度由强到弱排序、控制程度由强到弱排序如下图所示。（**问题难度：★★★**）

强	参与程度		弱
参与/讨论	征询	推销/说明	叙述
弱	控制程度		强

二、参考答案

（1）①征询，②叙述，③参与/讨论。

（2）（1）中使用的沟通方式从控制程度角度从强到弱的排列次序是：叙述、征询、参与/讨论。

（3）（1）中使用的沟通方式从参与程度角度从强到弱的排列次序是：参与/讨论、征询、叙述。

【问题 2】答题思路解析及参考答案

一、答题思路解析

根据"答题思路总解析"中的阐述可知，该问题考的是沟通渠道数的计算。从案例的描述中可以计算出一共有 7 人，包括项目经理、测试小组负责人和浏览器团队、桌面开发团队、算法团队、智能聊天机器团队、系统架构设计师团队各派出一名工程师。代入沟通渠道数的计算公式可计算出沟通渠道数是 21 条（7×(7-1)/2）。（**问题难度：★★★**）

二、参考答案

沟通渠道的数量是 21 条。

【问题 3】答题思路解析及参考答案

一、答题思路解析

根据"答题思路总解析"中的阐述可知，该问题属于纯理论性质的问题，与案例没什么关系。根据它们的性质特征，我们可以判断出，即时性强的沟通渠道有：即时通讯、视频会议和面对面交谈。（**问题难度：★★**）

二、参考答案

（1）电子邮件（×）；（2）即时通讯（√）；（3）视频会议（√）；（4）群发邮件（×）；（5）面对面交谈（√）。

【问题 4】答题思路解析及参考答案

一、答题思路解析

根据"答题思路总解析"中的阐述可知，该问题需要结合工作经验作答，与本案例没什么关系。（**问题难度：★★★**）

二、参考答案

会前的注意事项：

（1）明确会议的目的、议程、要解决的问题、参与的人员等信息。

（2）制订会议计划、连同相关材料提前分发给与会人员。

会中的注意事项：

（1）对会议进行有效控制，确保会议有序进行。

（2）避免讨论与会议议题无关的问题。

（3）组织好与会者的发言和讨论，控制好发言和讨论的时长。

会后的注意事项：

（1）会后进行总结、提炼会议要点和结论。

（2）编制完整的会议纪要并分发给与会者确认。

（3）需要解决的问题，让当事人签字确认。

（4）安排专人跟进会议决议的落实情况。

2023.11（四批次）试题一

【说明】阅读下列材料，请回答问题 1 至问题 3。

案例描述及问题

某智能医疗项目处于概念阶段，项目的发起人、战略分析经理和项目经理等人正在制订项目高层级目标，项目发起人期望将"人工智能问诊自动生成"作为今年项目重点目标，战略分析经理基于商业洞察的结果，建议优先启动人工智能问诊。人力资源主管提出目前公司不具备人员条件。财务总监提出医疗专业的数据来源成本很高，今年启动项目很难。在之后的几次讨论中，各管理方意见不断变化，且难以达成共识。项目进入计划阶段后项目经理组织团队制订迭代计划，因为时间紧张，产品经理期望第一个迭代完成需求池中 40% 的需求。研发团队表示进入新的领域，时间紧张，技术挑战大，第一个迭代只能完成需求池中 20% 的高优先级需求。

项目在执行的过程中，基于需求设计，架构设计师和算法工程师对模型算法的选择存在争议，并在会议室发生多次争吵，该技术难题导致推迟 2 周。项目经理与研发资源主管和人力资源主管沟通，是否可以通过增加研发人员投入来保证研发任务完成，反复申请多次未得到解决，导致开发进度落后。突破重重困难后，项目终于进入项目收尾阶段，因为项目任务难度大，前几个迭代遗留很多严重的性能问题，质量保证人员要求必须解决才能交付。某研发人员认为此要求没有依据且未考虑研发的感受，表示强烈不满。在项目例会上，研发负责人申请需要增加 1 周问题修复的时间以完成项目。

【问题 1】分析案例，请列出项目各阶段遇到的冲突类型。

启动过程的冲突类型是（　　）。

计划阶段的冲突类型是（　　）。

执行阶段的冲突类型是（　　）。

收尾阶段的冲突类型是（　　）。

【问题 2】分析案例，请列出案例中冲突产生的根源。

【问题 3】请选择对应的冲突解决方法。（**为与新教程知识体系保持一致性**，编者对该问题进行了修改）

（1）（　　）就是冲突各方一起积极地定义问题、收集问题的信息、制订解决方案，最后直到选择一个最合适的方案来解决冲突，此时为双赢或多赢。但在这个过程中，需要公开地协商，这是冲突管理中最理想的一种方法。

（2）（　　）就是以牺牲其他各方的观点为代价，采纳一方的观点。一般只适用于赢输这样的零和游戏情景。

（3）（　）就是冲突的各方协商并且寻找一种能够让冲突各方都有一定程度满意，但冲突各方没有任何一方全满意，是一种都做一些让步的冲突解决方法。

（4）（　）就是冲突各方都关注他们一致的一面，而淡化不一致的一面。要求保持一种友好的气氛，但是回避了解决冲突的根源。也就是让大家都冷静下来，先把工作做完。

备选项：A. 妥协；B. 包容；C. 解决问题；D. 撤退；E. 强迫

答题思路总解析

从本案例提出的三个问题，可以判断出：该案例分析主要考查的是项目资源管理中的冲突管理。**【问题 1】**需要考生结合案例判定冲突的类型，**【问题 2】**需要考生结合案例找出冲突产生的根源，**【问题 3】**属于纯理论性质的问题，与案例没什么关系。（**案例难度：★★★**）

【问题 1】答题思路解析及参考答案

一、答题思路解析

项目冲突一般划分为七个方面：工作优先级冲突、管理程序冲突、技术冲突、资源冲突、成本冲突、进度冲突和人际冲突。根据"案例描述及问题"中的"某智能医疗项目处于概念阶段，项目的发起人、战略分析经理和项目经理等人正在制订项目高层级目标，项目发起人期望将'人工智能问诊自动生成'作为今年项目重点目标，战略分析经理基于商业洞察的结果，建议优先启动人工智能问诊。人力资源主管提出目前公司不具备人员条件。财务总监提出医疗专业的数据来源成本很高，今年启动项目很难。"可以推断出启动阶段的冲突类型是：工作优先级冲突、资源冲突和进度冲突；根据"案例描述及问题"中的"项目进入计划阶段后项目经理组织团队制订迭代计划，因为时间紧张，产品经理期望第一个迭代完成需求池中 40%的需求。研发团队表示进入新的领域，时间紧张，技术挑战大，第一个迭代只能完成需求池中 20%的高优先级需求"可以推断出计划阶段的冲突类型是：工作优先级冲突和进度冲突；根据"案例描述及问题"中的"项目在执行的过程中，基于需求设计，架构设计师和算法工程师对模型算法的选择存在争议，并在会议室发生多次争吵，该技术难题导致推迟 2 周。项目经理与研发资源主管和人力资源主管沟通，是否可以通过增加研发人员投入来保证研发任务完成，反复申请多次未得到解决，导致开发进度落后"可以推断出执行阶段的冲突类型是：技术冲突、进度冲突和资源冲突；根据"案例描述及问题"中的"项目终于进入项目收尾阶段，因为项目任务难度大，前几个迭代遗留很多严重的性能问题质量保证人员要求必须解决才能交付。某研发人员认为此要求没有依据且未考虑研发的感受，表示强烈不满。在项目例会上，研发负责人申请需要增加 1 周问题修复的时间以完成项目"可以推断出收尾阶段的冲突类型是：管理程序冲突、人际冲突和进度冲突。（**问题难度：★★★**）

二、参考答案

启动过程的冲突类型是（工作优先级冲突、资源冲突和进度冲突）。

计划阶段的冲突类型是（工作优先级冲突和进度冲突）。

执行阶段的冲突类型是（技术冲突、进度冲突和资源冲突）。

收尾阶段的冲突类型是（管理程序冲突、人际冲突和进度冲突）。

【问题2】答题思路解析及参考答案

一、答题思路解析

结合案例描述，我们不难推导出，产生"工作优先级冲突"的根源是没有成功定义好项目的高层目标（从"在之后的几次讨论中，各管理方意见不断变化，且难以达成共识"可以推导出）；产生"资源冲突"的根源是公司满足项目要求的人员缺乏（从"人力资源主管提出目前公司不具备人员条件"和"项目经理与研发资源主管和人力资源主管沟通，是否可以通过增加研发人员投入来保证研发任务完成，反复申请多次未得到解决"可以推导出）；产生"进度冲突"的根源是项目难度大、时间紧、技术挑战大，对项目工期缺乏科学、合理的规划（从"产品经理期望第一个迭代完成需求池中 40%的需求。研发团队表示进入新的领域，时间紧张，技术挑战大，第一个迭代只能完成需求池中20%的高优先级需求"可以推导出）；产生"技术冲突"的根源是项目涉及人工智能新技术（从"研发团队表示进入新的领域，时间紧张，技术挑战大"可以推导出）；产生"管理程序冲突"的根源是质量保证人员和研发人员对公司管理流程要求理解不同（从"前几个迭代遗留很多严重的性能问题，质量保证人员要求必须解决才能交付。某研发人员认为此要求没有依据"可以推导出）；产生"人际冲突"的根源是质量保证人员和研发人员之间缺乏换位思考（从"某研发人员认为此要求没有依据且未考虑研发的感受"可以推导出）。（**问题难度：★★★**）

二、参考答案

冲突产生的根源：

（1）没有成功定义好项目的高层目标。

（2）公司满足项目要求的人员缺乏。

（3）项目难度大、时间紧、技术挑战大，对项目工期缺乏科学、合理的规划。

（4）项目涉及人工智能新技术。

（5）质量保证人员和研发人员对公司管理流程要求理解不同。

（6）质量保证人员和研发人员之间缺乏换位思考。

【问题3】答题思路解析及参考答案

一、答题思路解析

根据"答题思路总解析"中的阐述可知，该问题属于纯理论性质的问题。合作/解决问题就是冲突各方一起积极地定义问题、收集问题的信息、制订解决方案，最后直到选择一个最合适的方案来解决冲突，此时为双赢或多赢；但在这个过程中，需要公开地协商，这是冲突管理中最理想的一种方法。强迫/命令就是以牺牲其他各方的观点为代价，采纳一方的观点。一般只适用于赢输这样的零和游戏情景。妥协/调解就是冲突的各方协商并且寻找一种能够让冲突各方都有一定程度满意，但冲突各方没有任何一方全满意，是一种都做一些让步的冲突解决方法。缓和/包容（即求同存异）

就是冲突各方都关注他们一致的一面，而淡化不一致的一面；要求保持一种友好的气氛，但是回避了解决冲突的根源；也就是让大家都冷静下来，先把工作做完。（**问题难度：★★**）

二、参考答案

（1）C．解决问题；（2）E．强迫；（3）A．妥协；（4）B．包容。

2023.11（四批次）试题三

【**说明**】阅读下列材料，请回答问题 1 至问题 3。

案例描述及问题

C 产品线需实现个人云盘存储的功能，小王带领项目团队和产品线负责人沟通后制订详细的需求文件，确定了报价，费用批准后开始开发。

一个月后，软件部门收到来自 B 产品线的云盘存储的需求，对比后发现 B 产品线的需求是在 C 产品线需求的基础上添加了一些新功能，经过沟通，B 产品线负责人同意 C 产品软件进行开发，并对增加或变更的功能支付相应费用。小王将对应的需求加入项目工作中并安排需求管理人员更新需求跟踪矩阵如下表：

需求编号	需求列表功能标题	需求变更标识	提出方	需求状态	优先级	用户需求标题
1.1	用户登录	原始	C 产品线	提出方已批准	1	个人用户云盘
1.2	邀请用户	原始	C 产品线	提出方已批准	1	
1.3	删除用户	原始	C 产品线	提出方已批准	1	
1.4	存储功能	原始	C 产品线	提出方已批准	1	
1.5	查看功能	更改	C 产品线	提出方已批准	1	个人用户云盘/企业用户云盘
2.1	保险箱	新增	B 产品线	提出方已批准	1	个人用户云盘
2.2	管理员权限	新增	B 产品线	提出方已批准	1	

半年后，C 产品线的需求如期上线，B 产品线的新增需求已通过在线升级的方式发布。C 产品线负责人发现个人用户界面新增企业用户特定功能，提出该功能不符合个人用户的期望，要求软件部门去掉该功能并对产生的负面影响负责。

【**问题 1**】分析案例，请从项目范围管理的角度列出造成项目目前状况的原因。

【**问题 2**】请简述项目范围管理的过程及其主要内容。

【**问题 3**】判断正误（正确的选择"√"，错误的选择"×"）。

（1）范围管理计划是项目管理计划的组成部分，确定制订、监督和控制项目范围的各种活动。　　　（　　）

（2）工作分解结构中每条分支的分解层次是相等的。 　　　　　　　　（　　）

（3）确认范围在项目验收时进行。 　　　　　　　　　　　　　　　　（　　）

（4）控制质量过程可以和确认范围过程同时进行。 　　　　　　　　　（　　）

答题思路总解析

从本案例提出的三个问题，可以判断出：该案例分析主要考查的是项目范围管理。根据"案例描述及问题"中画"＿＿＿"的文字并结合我们的项目管理经验，可以推断出该项目在范围管理中存在的主要问题有：①项目经理小王只编制了需求文件和需求跟踪矩阵，没有编制范围管理计划和需求管理计划；②没有进行定义范围的工作，没有形成项目范围说明书（这两点从"小王带领项目团队和产品线负责人沟通后制订详细的需求文件，确定了报价，费用批准后开始开发"可以推导出）；③B产品线新增的需求没有走范围变更控制流程而直接更新了需求跟踪矩阵（这点从"软件部门收到来自B产品线的云盘存储的需求，对比后发现B产品线的需求是在C产品线需求的基础上添加了一些新功能，经过沟通，B产品线负责人同意C产品软件进行开发"和"小王将对应需求加入项目工作中并安排需求管理人员更新需求追踪矩阵"可以推导出）；④B产品线新增需求未和C产品线负责人确认，也未分析这些需求对C产品线功能的影响；⑤需求整合不当，在同一项目中整合B产品线和C产品线的需求可能出现需求冲突，从而导致功能不适合不同的用户场景；⑥C产品线负责人发现了不符合其用户期望的功能，说明C产品线在上线前没有进行充分的用户验收测试（这三点从"半年后，C产品线的需求如期上线，B产品线的新增需求已通过在线升级的方式发布。C产品线负责人发现个人用户界面新增企业用户特定功能，提出该功能不符合个人用户的期望，要求软件部门去掉该功能并对产生的负面影响负责"可以推导出）。以上6点用于回答【问题1】；【问题2】和【问题3】属于纯理论性质的问题，与本案例没什么关系。（**案例难度：★★★**）

【问题1】答题思路解析及参考答案

一、答题思路解析

根据"答题思路总解析"中的阐述可知，该项目在范围管理中存在的问题主要有6点。（**问题难度：★★★**）

二、参考答案

从项目范围管理的角度分析，造成项目目前状况的原因主要有：

（1）项目经理小王只编制了需求文件和需求跟踪矩阵，没有编制范围管理计划和需求管理计划。

（2）没有进行定义范围的工作，没有形成项目范围说明书。

（3）B产品线新增的需求没有走范围变更控制流程而直接更新了需求跟踪矩阵。

（4）B产品线新增需求未和C产品线负责人确认，也未分析这些需求对C产品线功能的影响。

（5）需求整合不当，在同一项目中整合B产品线和C产品线的需求可能出现需求冲突，从而导致功能不适合不同的用户场景。

（6）C产品线负责人发现了不符合其用户期望的功能，说明C产品线在上线前没有进行充分的用户验收测试。

【问题 2】答题思路解析及参考答案

一、答题思路解析

从"答题思路总解析"的描述中，我们知道该问题属于纯理论性质的问题。**（问题难度：★★★）**

二、参考答案

项目范围管理的过程有：规划范围管理、收集需求、定义范围、创建 WBS、确认范围和控制范围。

规划范围管理过程的主要内容：规划范围管理是为记录如何定义、确认和控制项目范围及产品范围而创建范围管理计划的过程。

收集需求过程的主要内容：收集需求是为实现目标而确定、记录并管理干系人的需要和需求的过程。

定义范围过程的主要内容：定义范围是制订项目和产品详细描述的过程。

创建 WBS 过程的主要内容：创建 WBS 是把项目可交付成果和项目工作分解为较小的、更易于管理的组件的过程。

确认范围过程的主要内容：确认范围是正式验收已完成的项目可交付成果的过程。

范围控制过程的主要内容：控制范围是监督项目和产品的范围状态，管理范围基准变更的过程。

【问题 3】答题思路解析及参考答案

一、答题思路解析

从"答题思路总解析"的描述中，我们知道该问题属于纯理论性质的问题。范围管理计划是项目管理计划的组成部分，描述了如何定义、制订、监督、控制和确认项目范围，所以（1）错误。工作分解结构中每条分支的分解层次不一定相等，所以（2）错误。确认范围是在每个可交付成果完成后进行的，不是在项目验收时进行，所以（3）错误。控制质量过程和确认范围两者可以同时进行，所以（4）正确。**（问题难度：★★★）**

二、参考答案

（1）×　　（2）×　　（3）×　　（4）√

2023.11（四批次）试题四

【说明】 阅读下列材料，请回答问题 1 至问题 3。

案例描述及问题

公司承接了一个线上直播平台的开发项目，小林作为该项目的质量经理，根据项目启动时发布的需求文件编制了测试用例，随后直接下发给组员开展测试，在测试过程中，组员发现直播的打赏功能中有几个小功能是测试用例里没有的，于是提交了 BUG 给研发人员，说明不符合产品功能定义，但研发人员以新增需求为理由将 BUG 置为无效。小林了解情况后，认为需求变更应该由项目经理负责确认，于是将 BUG 转给项目经理后便不再过问并继续指导大家按原计划进行测试。项目后期，小林在整理测试报告时，发现该 BUG 还在项目经理名下没有任何进展，于是提高 BUG 的优先级并留言请项目经理尽快处理确认。项目经理很快找到小林，说该功能在项目启动不久就进行了需求变更且群发邮件给项目组核心成员，小林这才在邮箱里翻到了很早的邮件通知。测试工作正处于压力最大的阶段，小林来不及补充测试用例，紧急从其他项目组借调了 2 名测试人员让他们对新增功能进行盲测。交付时间在即，项目的 BUG 数仍然没有收敛，尤其是打赏功能仍存在很多问题。在发布评审会上，小林表示目前 BUG 太多达不到发布质量标准，不同意上线。研发经理认为是质量测试遗漏导致的问题，而且部分测试人员对项目整体不了解，经常提出一些无效 BUG，给研发增加了工作量，双方争执不下。

【问题 1】分析案例，请列出小林在项目质量管理中存在的问题。

【问题 2】请写出项目控制质量过程的输出。

【问题 3】判断正误（正确的选择"√"，错误的选择"×"）。

（1）项目质量管理的目标是使项目满足客户的需求。 （　　）

（2）规划质量管理的主要作用是为整个项目中如何管理和确认质量提供了指南。 （　　）

（3）执行测试用例来检查产品功能是否满足需求并发现 BUG 的过程，属于实施质量保证的范围。 （　　）

（4）质量测量指标用于实施质量保证过程和质量控制过程。 （　　）

（5）质量管理计划和过程改进计划都是项目管理计划的一部分。 （　　）

答题思路总解析

从本案例提出的三个问题，可以判断出：该案例分析主要考查的是项目质量管理。根据"案例描述及问题"中画"＿＿＿"的文字并结合我们的项目管理经验，可以推断出小林在项目质量管理中存在的问题主要有：①小林没有编制质量管理计划；②测试用例没有经过评审就直接下发给组员开展测试（这两点从"小林作为该项目的质量经理，根据项目启动时发布的需求文件编制了测试用例，随后直接下发给组员开展测试"可以推导出）；③项目没有明确变更控制的机制，导致项目出现需求变更，小林未及时获取该情况；④小林收到变更邮件后未及时查看，导致测试工作与实际需求不一致（这两点从"项目经理很快找到小林，说该功能在项目启动不久就进行了需求变更且群发邮件给项目组核心成员，小林这才在邮箱里翻到了很早的邮件通知"可以推导出）；⑤小林质量团队编制的测试用例不全，导致测试时出现遗漏；⑥小林质量团队与研发团队存在意见分歧，说明质量团队与研发团队没有进行有效沟通，导致对质量问题的理解不同（这两点从"在测试过程中，组员发现直播的打赏功能中有几个小功能是测试用例里没有的，于是提交了 BUG 给研发人员，说明不符合产品功能定义，但研发人员以新增需求为理由将 BUG 置为无效"和"双方争执不下"可以推导出）；⑦小林将 BUG 转交给项目经理处理后没有持续跟踪该 BUG 的解决情况（这点从"小林了解情况后,认为需求变更应该由项目经理负责确认,于是将 BUG 转给项目经理后便不再过问并继续指导大家按原计划进行测试"可以推导出);⑧针对项目出现的变更,小林质量团队没有及时补充测试用例,直接进行盲测(这点从"测试工作正处于压力最大的阶段,小林来不及补充测试用例,紧急从其他项目组借调了 2 名测试人员让他们对新增功能进行盲测"可以推导出);⑨紧急从其他项目组调用测试员,未对这些测试人员进行必要的培训,导致测试工作质量不高,经常提出一些无效 BUG(这点从"紧急从其他项目组借调了 2 名测试人员"和"研发经理认为是质量测试遗漏导致的问题,而且部分测试人员对项目整体不了解,经常提出一些无效 BUG"可以推导出);⑩在发布评审会上,小林提出目前 BUG 太多,不同意上线,但并未给出后续的解决方案(这点从"在发布评审会上,小林表示目前 BUG 太多达不到发布质量标准,不同意上线"可以推导出)。以上 10 点用于回答【问题 1】;【问题 2】和【问题 3】属于纯理论性质的问题,与本案例没什么关系。(**案例难度:★★★**)

【问题 1】答题思路解析及参考答案

一、答题思路解析

根据"答题思路总解析"中的阐述可知,小林在项目质量管理中存在的问题主要有 10 点。(**问题难度:★★★**)

二、参考答案

小林在项目质量管理中存在的问题主要有:

(1)小林没有编制质量管理计划。

(2)测试用例没有经过评审就直接下发给组员开展测试。

(3)项目没有明确变更控制的机制,导致项目出现需求变更,小林未及时获取该情况。

(4)小林收到变更邮件后未及时查看,导致测试工作与实际需求不一致。

(5)小林质量团队编制的测试用例不全,导致测试时出现遗漏。

(6)小林质量团队与研发团队存在意见分歧,说明质量团队与研发团队没有进行有效沟通,导致对质量问题的理解不同。

(7)小林将 BUG 转交给项目经理处理后没有持续跟踪该 BUG 的解决情况。

(8)针对项目出现的变更,小林质量团队没有及时补充测试用例,直接进行盲测。

(9)紧急从其他项目组调用测试员,未对这些测试人员进行必要的培训,导致测试工作质量不高,经常提出一些无效 BUG。

(10)在发布评审会上,小林提出目前 BUG 太多,不同意上线,但并未给出后续的解决方案。

【问题 2】答题思路解析及参考答案

一、答题思路解析

从"答题思路总解析"的描述中,我们知道该问题属于纯理论性质的问题。控制质量过程的输出有:质量控制测量结果、核实的可交付成果、工作绩效信息、变更请求、项目管理计划更新、项

目文件更新。（**问题难度：★★★**）

二、参考答案

控制质量过程的输出有：质量控制测量结果、核实的可交付成果、工作绩效信息、变更请求、项目管理计划更新、项目文件更新。

【问题 3】答题思路解析及参考答案

一、答题思路解析

从"答题思路总解析"的描述中，我们知道该问题属于纯理论性质的问题。项目质量管理的目标是使项目满足干系人的期望，不仅仅是满足客户的需求，所以（1）错误；（2）正确；执行测试用例来检查产品功能是否满足需求并发现 BUG 的过程，属于质量控制的范围，所以（3）错误；（4）正确；（5）正确。（**问题难度：★★★**）

二、参考答案

（1）×　　（2）√　　（3）×　　（4）√　　（5）√

2023.11（五批次）试题一

【说明】阅读下列材料，请回答问题 1 至问题 3。

案例描述及问题

某游戏公司刚刚上线一个新游戏，为了更好的用户体验，公司任命小张担任项目经理，对新游戏进行为期一年的维护。

项目需要每周上线 2 个修复版本，每两周上线一个新功能。软件配置管理员小李专门负责此项目的配置管理工作。为了配合公司的发布策略，小李按照软件配置计划安排如下，并发布给项目组。

序号	工作类别	工作内容	角色
1	创建配置基线	提供 master 分支用于新功能开发 提供 dev 分支用于问题修改 提供 ss 分支用于版本发布	配置管理员
2	创建和验证	搭建持续构建服务器，每晚 12:00 对 master、dev 和 ss 三个分支均进行自动构建，生成游戏应用	（1）
3		每天早上获取前一晚自动构建的游戏应用，进行验证并提交问题单	（2）
4		查看问题单，修复问题并且提交代码	（3）
5	知识库的更新	上传新项目相关的需求文档、交互和视觉文档	（4）
6		上传项目计划、项目绩效等管理文档	（5）

【问题 1】（5 分）

结合案例，请将项目中的相应工作角色（项目经理、产品经理、售前经理、CCB、配置管理员、研发人员、测试人员），对应表格中的（1）～（5）进行填写。

【问题 2】（8 分）

（1）请写出配置管理计划包括的主要内容。

（2）请写出配置管理的主要活动。

【问题 3】（4 分）

判断下列描述的正误（正确的选"√"，错误的选"×"）。

（1）软件支持手册属于开发文档，培训手册属于产品文档。 （　　）

（2）本案例中的 master 分支为主库，属于受控库。 （　　）

（3）所有配置项的操作权限应由配置管理员进行严格管理。 （　　）

（4）状态为"修改"的配置项修改完毕后，其状态又变为"正式"。 （　　）

答题思路总解析

从本案例提出的三个问题，可以判断出：该案例分析主要考查的是项目配置管理。【问题 1】考的是项目中各角色的工作职责，【问题 2】考的是配置管理计划和配置管理活动，【问题 3】考的是对与配置管理相关的一些理论的判断。本案例的三个问题基本都属于纯理论性质的问题，与案例关系不大。**（案例难度：★★★）**

【问题 1】答题思路解析及参考答案

一、答题思路解析

根据"答题思路总解析"中的阐述可知，该问题属于偏理论性质的问题。根据新教程"15.2.2 角色与职责"中的内容，结合我们的工作实践知道："搭建持续构建服务器，每晚 12:00 对 master、dev 和 ss 三个分支均进行自动构建，生成游戏应用"属于配置管理工作，是配置管理员的职责，"每天早上获取前一晚自动构建的游戏应用，进行验证并提交问题单"属于测试工作，是测试人员的职责，"查看问题单，修复问题并且提交代码"属于代码编写工作，是研发人员的职责，"上传新项目相关的需求文档、交互和视觉文档"属于配置管理工作，是配置管理员的职责，"上传项目计划、项目绩效等管理文档"属于项目管理工作，是项目经理的职责。**（问题难度：★★★）**

二、参考答案

（1）配置管理员；（2）测试人员；（3）研发人员；（4）配置管理员；（5）项目经理。

【问题 2】答题思路解析及参考答案

一、答题思路解析

根据"答题思路总解析"中的阐述可知，该问题属于纯理论性质的问题。配置管理计划的主要内容包括 10 个方面。配置管理的日常活动主要包括 6 个方面：制订配置管理计划、配置项识别、

配置项控制、配置状态报告、配置审计、配置管理回顾与改进。**（问题难度：★★★）**

二、参考答案

（1）配置管理计划的主要内容包括：

1）配置管理的目标和范围。

2）配置管理活动主要包括配置项识别、配置项控制、配置状态报告、配置审计、配置管理回顾及改进等。

3）配置管理角色和责任安排。

4）实施这些活动的规范和流程，如配置项命名规则。

5）实施这些活动的进度安排，如日程安排和程序。

6）与其他管理之间（如变更管理等）的接口控制。

7）负责实施这些活动的人员或团队，以及他们和其他团队之间的关系。

8）配置管理信息系统的规划包括配置数据的存放地点、配置项运行的受控环境、与其他服务管理系统的联系和接口、构建和安装等支持工具。

9）配置管理的日常事务包括许可证控制、配置项的存档等。

10）计划的配置基准线、重大发布、里程碑，以及针对以后每个期间的工作量计划和资源计划。

（2）配置管理的主要活动包括：制订配置管理计划、配置项标识、配置项控制、配置状态报告、配置审计、配置管理回顾与改进。

【问题3】答题思路解析及参考答案

一、答题思路解析

根据"答题思路总解析"中的阐述可知，该问题属于纯理论性质的问题。软件支持手册属于产品文档，所以（1）错误；"案例描述及问题"中的表格中描述到："master 分支属于配置基线"，当然属于受控库，所以（2）正确；"配置管理员负责为每个项目成员分配对配置库的操作权限"，所以（3）正确；状态为"修改"的配置项修改完毕后需要通过再次评审其状态才能变为"正式"，所以（4）错误。**（问题难度：★★★）**

二、参考答案

（1）×　　（2）√　　（3）√　　（4）×

2023.11（五批次）试题三

【说明】阅读下列材料，请回答问题1至问题3。

案例描述及问题

某公司新开发内部审批系统，此系统为原有信息管理系统的扩充，整合原系统中审批相关的处理并将整个公司的审批流程规范化，覆盖公司所有审批业务。公司成立项目组，任命小刘为项目经理。小刘参与过公司原信息管理系统的研发，<u>对新项目进行了详细的需求调研，初步拟定了项目计划，将可能遇到的风险总结成了如下风险表，风险表中有风险项和风险应对措施两部分内容，并要求项目组严格执行此表直到项目结束。</u>

风险项	风险应对措施	
	序号	内容
审批流程复杂，相关数据和状态流转需要理清，需求分析难度大	（1）	项目需求分析阶段时间多预留 1 周，并提前进行专家评审
新系统与原有系统之间存在较多的依赖和影响，如已有的审批处理需要进行数据迁移，新系统的状态信息需要同步到原有系统，项目时间要求严格	（2）	项目计划预留 20% 的机动时间
新系统的部署可能影响正在运行的原有系统	（3）	增加一轮测试验证，并且在质量评审中增加新系统
	（4）	提前全员通知，新系统部署和验证期间停止正在运行的原有系统
开发人员来自不同部门，沟通不畅	（5）	提前申请将开发人员集中到一起办公
	（6）	要求所有参与项目的开发人员签署保证书，出现严重问题追责

【问题 1】（8 分）

分析案例，找出该项目风险管理中存在的问题。

【问题 2】（6 分）

结合案例，指出表中不同序号的"风险应对措施"分别属于哪种风险应对策略。

【问题 3】（4 分）（为与新教程知识体系保持一致性，编者对该问题进行了修改）

识别风险的工具和技术包括___（1）___、数据收集、数据分析、___（2）___、___（3）___和___（4）___。

答题思路总解析

从本案例提出的三个问题，我们很容易判断出：该案例分析主要考查的是项目风险管理。根据"案例描述及问题"中画"____"的文字并结合我们的项目管理经验可以推断出，该项目在风险管理中存在的主要问题有：①没有制订项目风险管理计划；②项目经理一人完成了风险识别工作，没有邀请项目组全体成员和主要干系人一起识别；③风险登记册没有经过项目团队成员和主要干系人确认，仅由项目经理一人完成；④风险识别工作没有在项目实施过程中定期进行；⑤风险登记册（包括风险项、应对措施等）没有在项目实施过程中定期更新；⑥对已识别的风险没有进行风险分析就直接制订风险应对措施；⑦只执行了风险应对措施，缺少风险监控（这七点从"对新项目进行了详细的需求调研，初步拟定了项目计划，将可能遇到的风险总结成了如下风险表，风险表中有风险项和风险应对措施两部分内容，并要求项目组严格执行此表直到项目结束"可以推导出）；⑧风险登记册中重要内容缺失，如没有明确风险责任人、风险优先级等（这点从"案例描述及问题"中表格里所展示的内容可以推导出）。以上8点用于回答【问题1】,【问题2】属于理论与实践相结合的问题，【问题3】属于纯理论性质的问题，与本案例没什么关系。（**案例难度：★★★**）

【问题1】答题思路解析及参考答案

一、答题思路解析

根据"答题思路总解析"中的阐述可知，该项目在风险管理中存在的问题主要有8点。（**问题难度：★★★**）

二、参考答案

该项目风险管理中存在的问题主要有：

（1）没有制订项目风险管理计划。

（2）项目经理一人完成了风险识别工作，没有邀请项目组全体成员和主要干系人一起识别。

（3）风险登记册没有经过项目团队成员和主要干系人确认，仅由项目经理一人完成。

（4）风险识别工作没有在项目实施过程中定期进行。

（5）风险登记册（包括风险项、应对措施等）没有在项目实施过程中定期更新。

（6）对已识别的风险没有进行风险分析就直接制订风险应对措施。

（7）只执行了风险应对措施，缺少风险监控。

（8）风险登记册中重要内容缺失，如没有明确风险责任人、风险优先级等。

【问题2】答题思路解析及参考答案

一、答题思路解析

根据"答题思路总解析"中的阐述可知，我们需要结合理论和本案例中的实践来回答。根据消极风险（威胁）的5种应对策略，我们可以判断出："项目需求分析阶段时间多预留1周，并提前进行专家评审"和"项目计划预留20%的机动时间"都是预留了时间量的应急准备，这属于（主动）接受的策略；"增加一轮测试验证，并且在质量评审中增加新系统"和"提前申请将开发人员集中到一起办公"可以降低风险的发生，这属于减轻的策略；"提前全员通知，新系统部署和验证期间停止正在运行的原有系统"这属于规避的策略（因为停止正在运行的原有系统，即不做某事，当然就不会发生与之相关的风险）；"要求所有参与项目的开发人员签署保证书，出现严重问题追责"，通过让员工签署保证书让员工承担风险，这属于转移的策略。（**问题难度：★★★**）

二、参考答案

（1）接受；（2）接受；（3）减轻；（4）规避；（5）减轻；（6）转移。

【问题3】答题思路解析及参考答案

一、答题思路解析

根据"答题思路总解析"中的阐述可知，该问题属于纯理论性质的问题。识别风险过程的工具

和技术主要有：专家判断、数据收集、数据分析、人际关系与团队技能、提示清单，会议等。（**问题难度：★★★**）

二、参考答案

识别风险的工具和技术包括（专家判断）、数据收集、数据分析、（人际关系与团队技能）、（提示清单）和（会议）。

2023.11（五批次）试题四

【说明】阅读下列材料，请回答问题 1 至问题 3。

案例描述及问题

A 公司为了争取成为某企业的长期供应商，成本价承接了其内网文件共享平台的开发项目，并指定由小王任项目经理。

小王考虑到公司之前没有同类项目经验，希望能抽调精兵强将组建项目团队。A 公司各个部门的经理都不愿意出借业务骨干，产品总监也表示没有产品经理可以投入。多方协调下小王才从研发团队要到了 3 名开发人员兼职参与项目，负责产品和研发相关工作。项目开始后，在需要处理产品相关问题时，成员之间互相推诿，都表示对文件共享平台业务不熟悉，不会处理产品类问题，此时小王紧急制订了人员招聘计划。项目需要使用服务器进行软件编译，但服务器一直被其他项目占用。团队成员都在抱怨手头已经有几个项目，现在干的工作都是临时安排，不在自己的KPI 中，额外增加了自己的工作量。小王觉得，这样下去工作很难顺利开展，项目很有可能无法按时交付。

【问题 1】（10 分）

结合案例，请指出此项目资源管理中存在的问题。

【问题 2】（5 分）

请简要描述在项目进行期间可以通过哪些工具和技术来建设项目团队。

【问题 3】（5 分）

结合案例，判断下列描述的正误（正确的选"√"，错误的选"×"）。

（1）项目管理的责任必须由项目经理来承担。　　　　　　　　　　　（　　）

（2）项目生命周期中，项目相关人员的数量、类型和特点都保持稳定不变。（　　）

（3）责任分配矩阵反映了团队成员个人与其承担的工作之间的联系。　　（　　）

（4）虚拟团队是近些年来常用的团队组织方式，比集中办公更好。　　（　　）

（5）在项目管理环境里，冲突是不可避免的。　　　　　　　　　　　（　　）

答题思路总解析

从本案例提出的三个问题，我们很容易判断出：该案例分析主要考查的是项目资源管理。根据

"案例描述及问题"中画"＿＿＿"的文字并结合我们的项目管理经验，可以推断出：①没有制订项目资源管理计划。（这点从"小王考虑到公司之前没有同类项目经验，希望能抽调精兵强将组建项目团队"可以推导出）；②公司各职能部门对项目支持不够（这点从"A 公司各个部门的经理都不愿意出借业务骨干，产品总监也表示没有产品经理可以投入"可以推导出）；③团队 3 名开发成员均为兼职不合适（这点从"3 名开发人员兼职参与项目"可以推导出）；④没有明确团队成员的责任和分工，导致工作推诿（这点从"成员之间互相推诿"可以推导出）；⑤团队成员对项目业务不熟悉，项目经理没有组织进行相应的培训，团队建设工作不到位；⑥选择的团队成员不适合项目的需要，不会处理产品类问题（这两点从"对文件共享平台业务不熟悉，不会处理产品类问题"可以推导出）；⑦没有在项目初期制订人员招聘计划，而是在遇到问题时紧急制订人员招聘计划（这点从"小王紧急制订了人员招聘计划"可以推导出）；⑧获取资源不到位，没有及时配置好用于软件编译的服务器（这点从"项目需要使用服务器进行软件编译，但服务器一直被其他项目占用"可以推导出）；⑨项目经理临时安排项目组成员工作，缺乏对团队成员工作的正式安排；⑩团队成员激励和考核制度没有明确，没有对应的 KPI 指标，导致团队成员对项目不重视、投入较少（这两点从"现在干的工作都是临时安排，不在自己的 KPI 中，额外增加了自己的工作量"可以推导出）。以上 10 点是该项目在资源管理中存在的问题，用于回答【问题 1】、【问题 2】和【问题 3】属于纯理论性质的问题，与本案例没什么关系。（**案例难度：★★★**）

【问题 1】答题思路解析及参考答案

一、答题思路解析

根据"答题思路总解析"中的阐述可知，该项目在资源管理中存在的问题主要有 10 点。（**问题难度：★★★**）

二、参考答案

此项目资源管理中存在的问题主要有：

（1）没有制订项目资源管理计划。

（2）公司各职能部门对项目支持不够。

（3）团队 3 名开发成员均为兼职不合适。

（4）没有明确团队成员的责任和分工，导致工作推诿。

（5）团队成员对项目业务不熟悉，项目经理没有组织进行相应的培训，团队建设工作不到位。

（6）选择的团队成员不适合项目的需要，不会处理产品类问题。

（7）没有在项目初期制订人员招聘计划，而是在遇到问题时紧急制订人员招聘计划。

（8）获取资源不到位，没有及时配置好用于软件编译的服务器。

（9）项目经理临时安排项目组成员工作，缺乏对团队成员工作的正式安排。

（10）团队成员激励和考核制度没有明确，没有对应的 KPI 指标，导致团队成员对项目不重视、投入较少。

【问题 2】答题思路解析及参考答案

一、答题思路解析

根据"答题思路总解析"中的阐述可知，该问题属于纯理论性质的问题，与本案例没什么关系。建设团队的工具与技术主要有：集中办公、虚拟团队、认可与奖励、培训、团队建设活动等。（**问题难度：★★★**）

二、参考答案

在项目进行期间可以通过这些工具与技术来建设项目团队：集中办公、虚拟团队、认可与奖励、培训、团队建设活动等。

【问题 3】答题思路解析及参考答案

一、答题思路解析

根据"答题思路总解析"中的阐述可知，该问题属于纯理论性质的问题，与本案例没什么关系。项目管理的责任由项目管理团队来承担，所以（1）错误。项目生命周期中，项目相关人员的数量、类型和特点需要根据工作内容的不同而不同，所以（2）错误。（3）正确。虚拟团队和集中办公各有优缺点，不能绝对说哪个比哪个更好，所以（4）错误。（5）正确。（**问题难度：★★★**）

二、参考答案

（1）×　　（2）×　　（3）√　　（4）×　　（5）√

2023.11（六批次）试题一

【说明】 阅读下列材料，请回答问题 1 至问题 4。

案例描述及问题

A 公司全球股东大会上，股东张宇发起了一个人工智能新项目。北京地区总经理李英表示非常支持，并通知研发部门组长赵军组织人力投入到项目工作中。赵军得到通知后表示目前研发部门 80% 的人力都已经投入到其他项目中，并认为这个项目技术风险大，资源储备不足，目前无法提供支持的人员。总经理李英希望人力资源王利通过外包合同，加快招聘研发人员，并希望赵军内部调整资源安排核心研发人员必须投入到这个项目中。

姓名	职位	角色	联系方式	立场	需求	管理建议
赵军	北京地区研发部门组长	研发	139……	反对	资源不足，需要招聘人工智能相关人才	整理中
李英	北京地区总经理	领导	137……	支持	希望项目成功	整理中

续表

姓名	职位	角色	联系方式	立场	需求	管理建议
王利	北京地区人力资源招聘人员	人力资源	138……	中立	未回复	整理中
张宇	全球股东会主席	项目发起人	131……	支持	希望公司尽快展示人工智能领域的战略规划的成果	整理中

【问题1】

结合案例，请将登记册中的项目干系人按照权力/利益方格进行分组，填写在对应的分区中，并结合给出管理方法。

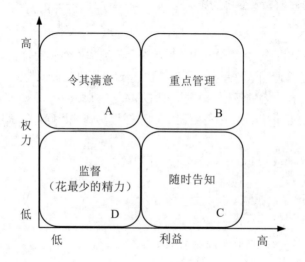

（1）A区：姓名和管理方法。

（2）B区：姓名和管理方法。

（3）C区：姓名和管理方法。

（4）D区：姓名和管理方法。

【问题2】

请为下列描述选择对应的沟通方法：

（　　）（1）把信息发送给需要接收这些信息的特定接收方，这种方法可以确保信息的发送，但不能确保信息送达受众或被目标受众理解，包括信件、备忘录、报告、电子邮件、传真、语音邮件、日志、新闻稿件。

（　　）（2）在两方或多方之间进行多向信息交换，包括会议、电话、即时通话、视频会议等。

（　　）（3）用于信息量很大或受众很多的情况，要求接收者自主、自行地访问信息内容，包括企业内网、电子在线课程、经验教训数据库、知识库等。

A．推式沟通　　　　B．拉式沟通　　　C．交互式沟通

【问题3】填空（为与新教程知识体系保持一致性，编者对该问题进行了修改）

（1）识别干系人过程的一个重要输出为（　　）。

（2）管理干系人参与过程的输出包括：项目管理计划更新、项目文件更新和（　　）。

【问题4】

下列干系人的支持程度中，（　　）意味着需要了解项目和项目的潜在影响，并积极致力于保证项目成功。

A．不了解　　　　B．抵制　　　　C．中立　　　　D．支持　　　E．领导

答题思路总解析

从本案例提出的四个问题，可以判断出：该案例分析主要考查的是项目沟通管理和项目干系人管理。【问题1】考的是识别干系人过程的工具与技术：权力/利益方格，【问题2】考的是规划沟通管理过程的工具与技术：沟通方法，【问题 3】考的是识别干系人和管理干系人参与这两个过程的输出，【问题4】考的是干系人 5 种参与水平的定义。【问题1】需要结合案例和理论进行作答；【问题2】、【问题3】和【问题4】属于纯理论性质的问题，与本案例没什么关系。（案例难度：★★★）

【问题1】答题思路解析及参考答案

一、答题思路解析

从"答题思路总解析"中的阐述可知，该问题需要结合案例和理论进行作答。案例中提到四个人：赵军、李英、王利和张宇。张宇是项目发起人、全球股东会主席，说明他权力大、利益大，因此他属于 B 区干系人，应该重点管理；李英是北京地区总经理，说明他权力大（但案例中没有描述该项目的成败对他有多大影响，说明利益小），因此他属于 A 区干系人，应该令其满意；赵军只是北京地区研发部门组长，说明他权力不大，但如果项目失败了，他派出的人力资源就白白浪费了，说明该项目的成败对他来说很重要，即利益大，因此他属于 C 区干系人，应该随时告知；王利只是北京地区人力资源招聘人员，权力小，他几乎也是一个置身项目之外的人，利益小，因此他属于 D 区干系人，监督就可以了。（**问题难度：★★★**）

二、参考答案

（1）A 区：李英，令其满意。

（2）B 区：张宇，重点管理。

（3）C 区：赵军，随时告知。

（4）D 区：王利，监督。

【问题2】答题思路解析及参考答案

一、答题思路解析

从"答题思路总解析"中的阐述可知，该问题属于纯理论性质的问题，根据沟通的三种方法，

我们很容易判断出：（1）是推式沟通，（2）是交互式沟通，（3）是拉式沟通。（**问题难度：★★**）

二、参考答案

（1）A　　（2）C　　（3）B

【问题3】答题思路解析及参考答案

一、答题思路解析

从"答题思路总解析"中的阐述可知，该问题属于纯理论性质的问题。识别干系人过程的重要输出为干系人登记册；管理干系人参与过程的输出包括：项目管理计划更新、项目文件更新和变更请求。（**问题难度：★★**）

二、参考答案

（1）识别干系人过程的一个重要输出为（干系人登记册）。

（2）管理干系人参与过程的输出包括：项目管理计划更新、项目文件更新和（变更请求）。

【问题4】答题思路解析及参考答案

一、答题思路解析

从"答题思路总解析"中的阐述可知，该问题属于纯理论性质的问题，参与度为领导型水平的干系人，意味着需要了解项目和项目的潜在影响，并积极致力于保证项目成功。（**问题难度：★★**）

二、参考答案

E。

参 考 文 献

[1] 全国计算机专业技术资格考试办公室. 系统集成项目管理工程师考试大纲：2023 年审定通过[M]. 北京：清华大学出版社，2024.

[2] 谭志彬，柳纯录. 系统集成项目管理工程师教程[M]. 3 版. 北京：清华大学出版社，2024.

[3] 项目管理协会. 项目管理知识体系指南（PMBOK®指南）[M]. 6 版. 北京：电子工业出版社，2018.

附录 1
项目管理知识体系概览

项目管理知识体系过程组、知识领域、过程一览表

知识领域	过程组				
	启动	规划	执行	监控	收尾
项目整合管理	制订项目章程	制订项目管理计划	指导与管理项目工作 管理项目知识	监控项目工作 实施整体变更控制	结束项目或阶段
项目范围管理		规划范围管理 收集需求 定义范围 创建 WBS		确认范围 控制范围	
项目进度管理		规划进度管理 定义活动 排列活动顺序 估算活动持续时间 制订进度计划		控制进度	
项目成本管理		规划成本管理 估算成本 制订预算		控制成本	
项目质量管理		规划质量管理	管理质量	控制质量	
项目资源管理		规划资源管理 估算活动资源	获取资源 建设团队 管理团队	控制资源	

续表

知识领域	过程组				
	启动	规划	执行	监控	收尾
项目沟通管理		规划沟通管理	管理沟通	监督沟通	
项目风险管理		规划风险管理 识别风险 实施定性风险分析 实施定量风险分析 规划风险应对	实施风险应对	监督风险	
项目采购管理		规划采购管理	实施采购	控制采购	
项目干系人管理	识别干系人	规划干系人参与	管理干系人参与	监督干系人参与	

附录 **2**
项目管理知识体系诸过程

项目管理知识体系各过程输入、输出、工具与技术一览表

知识领域	过程名	输入	工具与技术	输出
项目整合管理	制订项目章程	立项管理文件 协议 事业环境因素 组织过程资产	专家判断 数据收集（头脑风暴、焦点小组、访谈） 人际关系与团队技能（冲突管理、引导、会议管理） 会议	项目章程 假设日志
	制订项目管理计划	项目章程 其他过程的输出 事业环境因素 组织过程资产	专家判断 数据收集（头脑风暴、焦点小组、访谈） 人际关系与团队技能（冲突管理、引导、会议管理） 会议	项目管理计划
	指导与管理项目工作	项目管理计划（任何组件） 项目文件（变更日志、经验教训登记册、里程碑清单、项目沟通记录、项目进度计划、需求跟踪矩阵、风险登记册、风险报告） 批准的变更请求 事业环境因素 组织过程资产	专家判断 项目管理信息系统 会议	可交付成果 工作绩效数据 问题日志 变更请求 项目管理计划更新（任何组件） 项目文件更新（活动清单、假设日志、经验教训登记册、需求文件、风险登记册、干系人登记册） 组织过程资产更新

知识领域	过程名	输入	工具与技术	输出
项目整合管理	管理项目知识	项目管理计划（所有组件） 项目文件（经验教训登记册、项目团队派工单、资源分解结构、供方选择标准、干系人登记册） 可交付成果 事业环境因素 组织过程资产	专家判断 知识管理 信息管理 人际关系与团队技能（积极倾听、引导、领导力、人际交往、政治意识）	经验教训登记册 项目管理计划更新（任何组件） 组织过程资产
	监控项目工作	项目管理计划（任何组件） 项目文件（假设日志、估算依据、成本预测、问题日志、经验教训登记册、里程碑清单、质量报告、风险登记册、风险报告、进度预测） 工作绩效信息 协议 事业环境因素 组织过程资产	专家判断 数据分析（备选方案分析、成本效益分析、挣值分析、根本原因分析、趋势分析、偏差分析） 决策 会议	工作绩效报告 变更请求 项目管理计划更新（任何组件） 项目文件更新（成本预测、问题日志、经验教训登记册、风险登记册、进度预测）
	实施整体变更控制	项目管理计划（变更管理计划、配置管理计划、范围基准、进度基准、成本基准） 项目文件（估算依据、需求跟踪矩阵、风险报告） 工作绩效报告 变更请求 事业环境因素 组织过程资产	专家判断 变更控制工具 数据分析（备选方案分析、成本效益分析） 决策（投票、独裁型决策制定、多标准决策分析）	批准的变更请求 项目管理计划更新（任何组件） 项目文件更新（变更日志）
	结束项目或阶段	项目章程 项目管理计划（所有组件） 项目文件（假设日志、估算依据、变更日志、问题日志、经验教训登记册、里程碑清单、项目沟通记录、质量控制测量结果、质量报告、需求文件、风险登记册、风险报告） 验收的可交付成果 立项管理文件 协议 采购文档 组织过程资产	专家判断 数据分析（文件分析、回归分析、趋势分析、偏差分析） 会议	项目文件更新（经验教训登记册） 最终产品、服务或成果 项目最终报告 组织过程资产更新

知识领域	过程名	输入	工具与技术	输出
项目范围管理	规划范围管理	项目章程 项目管理计划（质量管理计划、项目生命周期描述、开发方法） 项目章程 事业环境因素 组织过程资产	专家判断 数据分析（备选方案分析） 会议	范围管理计划 需求管理计划
	收集需求	项目章程 项目管理计划（范围管理计划、需求管理计划、干系人参与计划） 项目文件（假设日志、经验教训登记册、干系人登记册） 立项管理文件 协议 事业环境因素 组织过程资产	专家判断 数据收集（头脑风暴、访谈、焦点小组、问卷调查、标杆对照） 数据分析（文件分析） 决策（投票、多标准决策分析） 数据表现（亲和图、思维导图） 人际关系与团队技能（名义小组技术、观察/交谈、引导） 系统交互图 原型法	需求文件 需求跟踪矩阵
	定义范围	项目章程 项目管理计划（范围管理计划） 项目文件（假设日志、需求文件、风险登记册） 事业环境因素 组织过程资产	专家判断 数据分析（备选方案分析） 决策（多标准决策分析） 人际关系与团队技能（引导） 产品分析	项目范围说明书 项目文件更新（假设日志、需求文件、需求跟踪矩阵、干系人登记册）
	创建WBS	项目管理计划（范围管理计划） 项目文件（项目范围说明书、需求文件） 事业环境因素 组织过程资产	专家判断 分解	范围基准 项目文件更新（假设日志、需求文件）
	确认范围	项目管理计划（范围管理计划、需求管理计划、范围基准） 项目文件（经验教训登记册、质量报告、需求文件、需求跟踪矩阵） 核实的可交付成果 工作绩效数据	检查 决策（投票）	验收的可交付成果 工作绩效信息 变更请求 项目文件更新（经验教训登记册、需求文件、需求跟踪矩阵）

知识领域	过程名	输入	工具与技术	输出
项目范围管理	控制范围	项目管理计划（范围管理计划、需求管理计划、变更管理计划、配置管理计划、范围基准、绩效测量基准） 项目文件（经验教训登记册、需求文件、需求跟踪矩阵） 工作绩效数据 组织过程资产	数据分析（偏差分析、趋势分析）	工作绩效信息 变更请求 项目管理计划更新（范围管理计划、需求管理计划、范围基准、进度基准、成本基准、绩效测量基准） 项目文件更新（经验教训登记册、需求文件、需求跟踪矩阵）
项目进度管理	规划进度管理	项目章程 项目管理计划（范围管理计划、开发方法） 事业环境因素 组织过程资产	专家判断 分析技术 会议	进度管理计划
	定义活动	项目管理计划（进度管理计划、范围基准） 事业环境因素 组织过程资产	专家判断 分解 滚动式规划 会议	活动清单 活动属性 里程碑清单 变更请求 项目管理计划更新（进度基准、成本基准）
	排列活动顺序	项目管理计划（进度管理计划、范围基准） 项目文件（活动清单、活动属性、假设日志、里程碑清单） 事业环境因素 组织过程资产	紧前关系绘图法 确定和整合依赖关系 提前量和滞后量 项目管理信息系统	项目进度网络图 项目文件更新（活动属性、活动清单、假设日志、里程碑清单）
	估算活动持续时间	项目管理计划（进度管理计划、范围基准） 项目文件（活动属性、活动清单、假设日志、经验教训登记册、里程碑清单、项目团队派工单、资源分解结构、资源日历、资源需求、风险登记册） 事业环境因素 组织过程资产	专家判断 类比估算 参数估算 三点估算 自下而上估算 数据分析（备选方案分析、储备分析） 决策 会议	持续时间估算 估算依据 项目文件更新（活动属性、假设日志、经验教训登记册）

知识领域	过程名	输入	工具与技术	输出
项目进度管理	制订进度计划	项目管理计划（进度管理计划、范围基准） 项目文件(活动属性、活动清单、假设日志、估算依据、持续时间估算、经验教训登记册、里程碑清单、项目进度网络图、项目团队派工单、资源日历、资源需求、风险登记册) 协议 事业环境因素 组织过程资产	进度网络分析 关键路径法 资源优化 数据分析（假设情景分析、模拟） 提前量和滞后量 进度压缩 计划评审技术 项目管理信息系统 敏捷发布规划	进度基准 项目进度计划 进度数据 项目日历 变更请求 项目管理计划更新(进度管理计划、成本基准) 项目文件更新（活动属性、假设日志、持续时间估算、经验教训登记册、资源需求、风险登记册）
	控制进度	项目管理计划（进度管理计划、进度基准、范围基准、绩效测量基准） 项目文件（经验教训登记册、项目日历、项目进度计划、资源日历、进度数据） 工作绩效数据 组织过程资产	数据分析（挣值分析、迭代燃尽图、绩效审查、趋势分析、偏差分析、假设情景分析） 关键路径法 项目管理信息系统 资源优化 提前量和滞后量 进度压缩	工作绩效信息 进度预测 变更请求 项目管理计划更新(进度管理计划、进度基准、成本基准、绩效测量基准) 项目文件更新（假设日志、估算依据、经验教训登记册、项目进度计划、资源日历、风险登记册、进度数据）
项目成本管理	规划成本管理	项目章程 项目管理计划（进度管理计划、风险管理计划） 事业环境因素 组织过程资产	专家判断 分析技术 会议	成本管理计划
	估算成本	项目管理计划（成本管理计划、质量管理计划、范围基准） 项目文件（经验教训登记册、项目进度计划、资源需求、风险登记册） 事业环境因素 组织过程资产	专家判断 类比估算 参数估算 自下而上的估算 三点估算 数据分析（备选方案分析、储备分析、质量成本） 项目管理信息系统 决策（投票）	成本估算 估算依据 项目文件更新（假设日志、经验教训登记册、风险登记册）

知识领域	过程名	输入	工具与技术	输出
项目成本管理	制订预算	项目管理计划（成本管理计划、资源管理计划、范围基准） 项目文件（估算依据、成本估算、项目进度计划、风险登记册） 商业文件（商业论证、效益管理计划） 协议 事业环境因素 组织过程资产	专家判断 成本汇总 数据分析（储备分析） 历史信息审核 资金限制平衡 融资	成本基准 项目资金需求 项目文件更新（成本估算、项目进度计划、风险登记册）
	控制成本	项目管理计划（成本管理计划、成本基准、绩效测量基准） 项目文件（经验教训登记册） 项目资金需求 工作绩效数据 组织过程资产	专家判断 数据分析（挣值分析、偏差分析、趋势分析、储备分析） 完工尚需绩效指数 项目管理信息系统	工作绩效信息 成本预测 变更请求 项目管理计划更新（成本管理计划、成本基准、绩效测量基准） 项目文件更新（假设日志、估算依据、成本估算、经验教训登记册、风险登记册）
项目质量管理	规划质量管理	项目章程 项目管理计划（需求管理计划、风险管理计划、干系人参与计划、范围基准） 项目文件（假设日志、需求文件、需求跟踪矩阵、风险登记册、干系人登记册） 事业环境因素 组织过程资产	专家判断 数据收集（标杆对照、头脑风暴、访谈） 数据分析（成本效益分析、质量成本） 决策（多标准决策分析） 数据表现（流程图、逻辑数据模型、矩阵图、思维导图） 测试与检查规划 会议	质量管理计划 质量测量指标 项目管理计划更新（风险管理计划、范围基准） 项目文件更新（经验教训登记册、需求跟踪矩阵、风险登记册、干系人登记册）
	管理质量	项目管理计划（质量管理计划） 项目文件（经验教训登记册、质量控制测量结果、质量测量指标、风险报告） 组织过程资产	数据收集（核对单） 数据分析（备选方案分析、文件分析、过程分析、根本原因分析） 决策（多标准决策分析） 数据表现（亲和图、因果图、流程图、直方图、矩阵图、散点图） 审计 面向 X 的设计 问题解决 质量改进方法	质量报告 测试与评估文件 变更请求 项目管理计划更新（质量管理计划、范围基准、进度基准、成本基准） 项目文件更新（问题日志、经验教训登记册、风险登记册）

知识领域	过程名	输入	工具与技术	输出
项目质量管理	控制质量	项目管理计划（质量管理计划） 项目文件（经验教训登记册、质量测量指标、测试与评估文件） 批准的变更请求 可交付成果 工作绩效数据 事业环境因素 组织过程资产	数据收集（核对单、检查表、统计抽样、问卷调查） 数据分析（绩效审查、根本原因分析） 检查 测试/产品评估 数据表现（因果图、控制图、直方图、散点图） 会议	质量控制测量结果 核实的可交付成果 工作绩效信息 变更请求 项目管理计划更新（质量管理计划） 项目文件更新（问题日志、经验教训登记册、风险登记册、测试与评估文件）
项目资源管理	规划资源管理	项目章程 项目管理计划（质量管理计划、范围基准） 项目文件（项目进度计划、需求文件、风险登记册、干系人登记册） 事业环境因素 组织过程资产	专家判断 数据表现（层级型、矩阵型、文本型） 组织理论 会议	资源管理计划 团队章程 项目文件更新（假设日志、风险登记册）
	估算活动资源	项目管理计划（资源管理计划、范围基准） 项目文件（活动属性、活动清单、假设日志、成本估算、资源日历、风险登记册） 事业环境因素 组织过程资产	专家判断 自下而上估算 类比估算 参数估算 数据分析（备选方案分析） 项目管理信息系统 会议	资源需求 估算依据 资源分解结构 项目文件更新（活动属性、假设日志、经验教训登记册）
	获取资源	项目管理计划（资源管理计划、采购管理计划） 项目文件（项目进度计划、资源日历、资源需求、干系人登记册） 事业环境因素 组织过程资产	决策（多标准决策分析） 人际关系与团队技能（谈判） 预分派 虚拟团队	物质资源分配单 项目团队派工单 资源日历 变更请求 项目管理计划更新（资源管理计划、成本基准） 项目文件更新（经验教训登记册、项目进度计划、资源分解结构、资源需求、风险登记册、干系人登记册） 事业环境因素更新 组织过程资产更新

知识领域	过程名	输入	工具与技术	输出
项目资源管理	建设团队	项目管理计划（资源管理计划） 项目文件（经验教训登记册、项目进度计划、项目团队派工单、资源日历、团队章程） 事业环境因素 组织过程资产	集中办公 虚拟团队 沟通技术 人际关系与团队技能（冲突管理、影响力、激励、谈判、团队建设） 认可与奖励 培训 个人和团队评估 会议	团队绩效评价 变更请求 项目管理计划更新(资源管理计划) 项目文件更新(经验教训登记册、项目进度计划、项目团队派工单、资源日历、团队章程) 事业环境因素更新 组织过程资产更新
	管理团队	项目管理计划（资源管理计划） 项目文件（问题日志、经验教训登记册、项目团队派工单、团队章程） 工作绩效报告 团队绩效评价 事业环境因素 组织过程资产	人际关系与团队技能（冲突管理、制订决策、情商、影响力、领导力） 项目管理信息系统	变更请求 项目管理计划更新(资源管理计划、进度基准、成本基准) 项目文件更新（问题日志、经验教训登记册、项目团队派工单） 事业环境因素更新
	控制资源	项目管理计划（资源管理计划） 项目文件（问题日志、经验教训登记册、物质资源分配单、项目进度计划、资源分解结构、资源需求、风险登记册） 工作绩效数据 协议 组织过程资产	数据分析（备选方案分析、成本效益分析、绩效审查、趋势分析） 问题解决 人际关系与团队技能（谈判、影响力） 项目管理信息系统	工作绩效信息 变更请求 项目管理计划更新(资源管理计划、进度基准、成本基准) 项目文件更新（假设日志、问题日志、经验教训登记册、物质资源分配单、资源分解结构、风险登记册）
项目沟通管理	规划沟通管理	项目章程 项目管理计划（资源管理计划、干系人参与计划） 项目文件（需求文件、干系人登记册） 事业环境因素 组织过程资产	专家判断 沟通需求分析 沟通技术 沟通模型 沟通方法 人际关系与团队技能（沟通风格评估、政治意识、文化意识） 数据表现（干系人参与度评估矩阵） 会议	沟通管理计划 项目管理计划更新(干系人参与计划) 项目文件更新(项目进度计划、干系人登记册)

续表

知识领域	过程名	输入	工具与技术	输出
项目沟通管理	管理沟通	项目管理计划（资源管理计划、沟通管理计划、干系人参与计划） 项目文件(变更日志、问题日志、经验教训登记册、质量报告、风险报告、干系人登记册） 工作绩效报告 事业环境因素 组织过程资产	沟通技术 沟通方法 沟通技能（沟通胜任力、反馈、非语言、演示） 项目管理信息系统 项目报告 人际关系与团队技能（积极倾听、冲突管理、文化意识、会议关系、人际交往、政治意识） 会议	项目沟通记录 项目管理计划更新（沟通管理计划、干系人参与计划） 项目文件更新（问题日志、经验教训登记册、项目进度计划、风险登记册、干系人登记册） 组织过程资产更新
	监督沟通	项目管理计划（资源管理计划、沟通管理计划、干系人参与计划） 项目文件（问题日志、经验教训登记册、项目沟通记录） 工作绩效数据 事业环境因素 组织过程资产	专家判断 项目管理信息系统数据分析（干系人参与度评估矩阵） 人际关系与团队技能（观察/交谈） 会议	工作绩效信息 变更请求 项目管理计划更新（沟通管理计划、干系人参与计划） 项目文件更新（问题日志、经验教训登记册、干系人登记册）
项目风险管理	规划风险管理	项目章程 项目管理计划（所有组件） 项目文件（干系人登记册） 事业环境因素 组织过程资产	专家判断 数据分析（干系人分析） 会议	风险管理计划
	识别风险	项目管理计划（需求管理计划、进度管理计划、成本管理计划、质量管理计划、资源管理计划、风险管理计划、范围基准、进度基准、成本基准） 项目文件(假设日志、成本估算、持续时间估算、问题日志、经验教训登记册、需求文件、资源需求、干系人登记册） 协议 采购文档 事业环境因素 组织过程资产	文档审查 信息收集技术 核对单分析 假设分析 图解技术 SWOT 分析 专家判断	风险登记册 风险报告 项目文件更新（假设日志、问题日志、经验教训登记册）

续表

知识领域	过程名	输入	工具与技术	输出
项目风险管理	实施定性风险分析	项目管理计划（风险管理计划） 项目文件（假设日志、风险登记册、干系人登记册） 事业环境因素 组织过程资产	专家判断 数据收集（访谈） 数据分析（风险数据质量评估、风险概率和影响评估、其他风险参数评估） 人际关系与团队技能（引导） 风险分类 数据表现（概率和影响矩阵、层级图） 会议	项目文件更新（假设日志、问题日志、风险登记册、风险报告）
	实施定量风险分析	项目管理计划（风险管理计划、范围基准、进度基准、成本基准） 项目文件（假设日志、估算依据、成本估算、成本预测、持续时间估算、里程碑清单、资源需求、风险登记册、风险报告、进度预测） 事业环境因素 组织过程资产	专家判断 数据收集（访谈） 人际关系与团队技能（引导） 不确定性表现方式 数据分析（模拟、敏感性分析、决策树分析、影响图）	项目文件更新（风险报告）
	规划风险应对	项目管理计划（资源管理计划、风险管理计划、成本基准） 项目文件（经验教训登记册、项目进度计划、项目团队派工单、资源日历、风险登记册、风险报告、干系人登记册） 事业环境因素 组织过程资产	专家判断 数据收集（访谈） 人际关系与团队技能（引导） 威胁应对策略 机会应对策略 应急应对策略 整体项目风险应对策略 数据分析（备选方案分析、成本效益分析） 决策（多标准决策分析）	变更请求 项目管理计划更新（进度管理计划、成本管理计划、质量管理计划、资源管理计划、采购管理计划、范围基准、进度基准、成本基准） 项目文件更新（假设日志、成本预测、经验教训登记册、项目进度计划、项目团队派工单、风险登记册、风险报告）
	实施风险应对	项目管理计划（风险管理计划） 项目文件（经验教训登记册、风险登记册、风险报告） 组织过程资产	专家判断 人际关系与团队技能（影响力） 项目管理信息系统	变更请求 项目文件更新（问题日志、经验教训登记册、项目团队派工单、风险登记册、风险报告）

知识领域	过程名	输入	工具与技术	输出
项目风险管理	监督风险	项目管理计划（风险管理计划） 项目文件（问题日志、经验教训登记册、风险登记册、风险报告） 工作绩效数据 工作绩效报告	数据分析（技术绩效分析、储备分析） 审计 会议	工作绩效信息 变更请求 项目管理计划更新（任何组件） 项目文件更新（假设日志、问题日志、经验教训登记册、风险登记册、风险报告） 组织过程资产更新
项目采购管理	规划采购管理	项目章程 商业文件（商业论证、效益管理计划） 项目管理计划（范围管理计划、质量管理计划、资源管理计划、范围基准） 项目文件（里程碑清单、项目团队派工单、需求文件、需求跟踪矩阵、资源需求、风险登记册、干系人登记册） 事业环境因素 组织过程资产	专家判断 数据收集（市场调研） 数据分析（自制或外购分析） 供方选择分析 会议	采购管理计划 采购策略 招标文件 采购工作说明书 供方选择标准 自制或外购决策 独立成本估算 变更请求 项目文件更新（经验教训登记册、里程碑清单、需求文件、需求跟踪矩阵、风险登记册、干系人登记册） 组织过程资产更新
	实施采购	项目管理计划（范围管理计划、需求管理计划、沟通管理计划、风险管理计划、采购管理计划、配置管理计划） 项目文件（经验教训登记册、项目进度计划、需求文件、风险登记册、干系人登记册） 采购文档 卖方建议书 事业环境因素 组织过程资产	专家判断 广告 投标人会议 数据分析（建议书评价）人际关系与团队技能（谈判）	选定的卖方 协议 变更请求 项目管理计划更新（需求管理计划、质量管理计划、沟通管理计划、风险管理计划、采购管理计划、范围基准、进度基准、成本基准） 项目文件更新（经验教训登记册、需求文件、需求跟踪矩阵、资源日历、风险登记册、干系人登记册） 组织过程资产更新

知识领域	过程名	输入	工具与技术	输出
项目采购管理	控制采购	项目管理计划（需求管理计划、风险管理计划、采购管理计划、变更管理计划、进度基准） 项目文件（假设日志、经验教训登记册、里程碑清单、质量报告、需求文件、需求跟踪矩阵、风险登记册、干系人登记册） 协议 采购文档 批准的变更请求 工作绩效数据 事业环境因素 组织过程资产	专家判断 索赔管理 数据分析（绩效审查、挣值分析、趋势分析） 检查 审计	采购关闭 工作绩效信息 采购文档更新 变更请求 项目管理计划更新（风险管理计划、采购管理计划、进度基准、成本基准） 项目文件更新（经验教训登记册、资源需求、需求跟踪矩阵、风险登记册、干系人登记册） 组织过程资产更新
项目干系人管理	识别干系人	项目章程 立项管理文件 项目管理计划（沟通管理计划、干系人参与计划） 项目文件（变更日志、问题日志、需求文件） 事业环境因素 组织过程资产	专家判断 数据收集（问卷调查、头脑风暴） 数据分析（干系人分析、文件分析） 数据表现（干系人映射分析/表现） 会议	干系人登记册 变更请求 项目管理计划更新（需求管理计划、沟通管理计划、风险管理计划、干系人参与计划） 项目文件更新（假设日志、问题日志、风险登记册）
项目干系人管理	规划干系人参与	项目章程 项目管理计划（资源管理计划、沟通管理计划、风险管理计划） 项目文件（假设日志、变更日志、问题日志、项目进度计划、干系人登记册） 协议 事业环境因素 组织过程资产	专家判断 数据收集（标杆对照） 数据分析（假设条件和制约因素分析、根本原因分析） 决策（优先级排序/分级） 数据表现（思维导图、干系人参与度评估矩阵） 会议	干系人参与计划
	管理干系人参与	项目管理计划（沟通管理计划、风险管理计划、干系人参与计划、变更管理计划） 项目文件（变更日志、问题日志、经验教训登记册、干系人登记册） 事业环境因素 组织过程资产	专家判断 沟通技能（反馈） 人际关系与团队技能（冲突管理、文化意识、谈判、观察/交谈、政治意识） 基本规则 会议	变更请求 项目管理计划更新（沟通管理计划、干系人参与计划） 项目文件更新（变更日志、问题日志、经验教训登记册、干系人登记册）

知识领域	过程名	输入	工具与技术	输出
项目干系人管理	监督干系人参与	项目管理计划（资源管理计划、沟通管理计划、干系人参与计划） 项目文件（问题日志、经验教训登记册、项目沟通记录、风险登记册） 工作绩效数据 事业环境因素 组织过程资产	数据分析（备选方案分析、根本原因分析、干系人分析） 决策（多标准决策分析、投票） 数据表现（干系人参与度评估矩阵） 沟通技能（反馈、演示） 人际关系与团队技能（积极倾听、文化意识、领导力、人际交往、政治意识） 会议	工作绩效信息 变更请求 项目管理计划更新（资源管理计划、沟通管理计划、干系人参与计划） 项目文件更新（问题日志、经验教训登记册、风险登记册、干系人登记册）

注：本表格内容与《项目管理知识体系指南（PMBOK®指南）》（第 6 版）保持一致。